高等学校 网络空间安全专业"十三五"规划教材

信息安全管理与风险评估

毕方明　编著

西安电子科技大学出版社

内 容 简 介

本书通过对信息安全风险评估领域的研究，在汲取国内外研究成果的基础上，总结信息安全风险评估的发展趋势与研究要点，对常用风险评估方法进行分析，提出几种改进的信息安全风险评估方法，详细介绍了所提出的改进评估方法的评估流程与特点，并通过评估实例与代码实现，加深读者对所介绍的评估方法的认识。

本书可供信息安全专业及相关专业本科生、技术人员、研究人员参考，方便此类人员抓住风险评估的要点，掌握风险评估方法与使用步骤，为进一步的风险评估研究与使用打下坚实的基础。

图书在版编目(CIP)数据

信息安全管理与风险评估/毕方明编著. —西安：西安电子科技大学出版社，2018.8
ISBN 978 - 7 - 5606 - 4985 - 6

Ⅰ. ① 信… Ⅱ. ① 毕… Ⅲ. ① 信息安全—安全管理—研究 ② 信息安全—安全评价—研究 Ⅳ. ① TP309

中国版本图书馆 CIP 数据核字(2018)第 153681 号

策划编辑 高 樱
责任编辑 宁晓青 阁 彬
出版发行 西安电子科技大学出版社(西安市太白南路 2 号)
电 话 (029)88242885 88201467 邮 编 710071
网 址 www.xduph.com 电子邮箱 xdupfxb001@163.com
经 销 新华书店
印刷单位 陕西天意印务有限责任公司
版 次 2018 年 8 月第 1 版 2018 年 8 月第 1 次印刷
开 本 787 毫米×1092 毫米 1/16 印张 11
字 数 252 千字
印 数 1～3000 册
定 价 25.00 元
ISBN 978 - 7 - 5606 - 4985 - 6/TP

XDUP 5287001 - 1

＊＊＊ 如有印装问题可调换 ＊＊＊

前　言

伴随着信息技术的飞速发展，信息安全问题也变得日益严峻。信息安全风险评估作为预防和控制信息安全风险的重要手段，对解决信息安全问题起着至关重要的作用。本书以信息安全风险评估方法和现代化的分析模型为研究对象，对现有的风险评估方法进行深入研究，以期对现有的风险评估方法与模型进行改进，寻求更加高效的、准确的信息安全风险评估与控制手段。

本书共 8 章。

第 1 章对风险评估所涉及的基本概念进行了简单介绍，概括性地介绍了信息安全与信息安全风险评估的相关概念，还介绍了国内外风险评估的研究现状，总结了信息安全风险评估的发展趋势。

第 2 章主要介绍风险评估的评估流程与方法。首先介绍了风险评估的基本分类；之后简单概括了风险评估的流程；最后对常见的风险评估方法进行了介绍并比较了不同方法的特点。

第 3 章介绍风险分析的相关技术标准与评估工具。在评估标准方面，主要介绍了 BS 7799/ISO 17799/ISO 27002、ISO/IEC TR 13335、OCTAVE 2.0、CC/ISO 15408/GB/T 18336 等标准和风险评估等级保护；评估工具方面，详细介绍了几种常见的风险评估和管理工具，以及相应的辅助工具。

第 4 章是基于层次分析法的信息安全风险评估。首先对层次分析法的基本概念进行了相关介绍，然后通过评估模型与案例详细介绍了该方法的使用过程，并在章节末尾介绍总结了案例的实现过程以及相关代码。

第 5 章是对基于网络层次分析法的信息安全风险评估方法的研究。首先介绍了该方法的原理与基本流程，之后基于该方法建立了相应的风险评估模型，并将建立的评估模型用于某公司保密系统的风险评估，通过分析评估结果可以发现，基于网络层次分析法的风险评估方法可以有效地改善传统层次分析法难以反映风险因素间相互影响关系的缺陷，且该方法在实际应用中有着良好的使用效果。

第 6 章介绍了一种基于风险因子的信息安全风险评估方法，通过引入风险因子的概念来衡量风险因素之间的关系，并通过相应的风险评估案例对整个方法的流程进行了详细介绍。

第 7 章是对另一种基于三角模糊数的信息安全分析方法的研究。该方法结合常用的信息安全风险分析方法，通过引入三角模糊数减少评估过程中的主观性，使风险评估的结果更加客观公正。本章详细介绍了该方法的原理与评估模型，并通过仿真实例证明该模型的实用性。

第 8 章主要介绍基于灰关联分析方法的风险评估，通过灰色关联分析来获取不同风险因素之间的数值关系，并以此为依据对整个系统进行风险评估。本章通过介绍基于灰关联的风险评估方法，并结合代码与案例分析使读者对该方法有更清晰的认识。

本书详细介绍了几种风险评估的改进方法，并通过具体的风险评估实例与代码实现，使读者能够清晰地认识到风险评估方法的流程与特点，把握信息安全风险评估的研究方向，为进一步理解、研究和使用信息安全风险评估方法打下基础。

本书可供信息安全专业及相关专业本科生、技术人员、研究人员参考，有助于加深读者对信息安全风险评估的基本认识，把握信息安全风险评估方法的研究方向。

由于时间仓促，编者水平有限，书中不足与疏漏之处在所难免，恳请读者批评指正。

作　者
2018 年 3 月

目　录

第 1 章　信息安全风险评估的基本概念

随着信息技术的飞速发展，信息安全环境也变得日益复杂，伴随着对信息安全问题研究的不断深入，相关的理论也日趋完善，本章主要对信息安全风险分析的相关概念与研究状况进行简单介绍。

1.1　信 息 安 全

信息安全是指为数据处理系统采取的技术和管理上的安全保护，保护计算机硬件、软件、数据不因偶然的或恶意的原因而遭到破坏、更改、显露，系统连续可靠正常地运行，信息服务不中断。这里既包含了层面的概念，例如计算机硬件可以看做是物理层面，软件可以看做是运行层面，再就是数据层面，又包含了属性的概念，例如破坏涉及的是可用性，更改涉及的是完整性，显露涉及的是机密性。

1.1.1　信息安全技术

为了保障信息的机密性、完整性、可用性和可控性，必须采用相关的技术手段。这些技术手段是信息安全体系中直观的部分，任何一方面薄弱都会产生巨大的危险。因此，应该合理部署、互相联动，使其成为一个有机的整体。具体用到的信息安全技术介绍如下：

（1）加解密技术。在传输过程或存储过程中进行信息数据的加解密，典型的加密体制可采用对称加密和非对称加密。

（2）VPN 技术。VPN 即虚拟专用网，通过一个公用网络（通常是因特网）建立一个临时的、安全的连接，是一条穿过混乱的公用网络的安全、稳定的隧道。通常 VPN 是对企业内部网的扩展，可以帮助远程用户、公司分支机构、商业伙伴及供应商与公司的内部网建立可信的安全连接，并保证数据的安全传输。

（3）防火墙技术。防火墙在某种意义上可以说是一种访问控制产品。它在内部网络与不安全的外部网络之间设置障碍，防止外界对内部资源的非法访问，以及内部对外部的不安全访问。

（4）入侵检测技术。入侵检测技术是防火墙的合理补充，帮助系统防御网络攻击，扩展系统管理员的安全管理能力，提高信息安全基础结构的完整性。入侵检测技术是从计算机网络系统中的若干关键点收集信息，并进行分析，检查网络中是否有违反安全策略的行为和遭到袭击的迹象。

（5）安全审计技术。安全审计包含日志审计和行为审计。日志审计协助管理员在受到攻击后查看网络日志，从而评估网络配置的合理性和安全策略的有效性，追溯、分析安全攻击轨迹，并能为实时防御提供手段。通过对员工或用户的网络行为进行审计，可确认行为的规范性，确保管理的安全。

1.1.2 信息安全管理

信息安全管理是指通过维护信息的机密性、完整性和可用性来管理及保护信息资产，是对信息安全保障进行指导、规范和管理的一系列活动与过程，具体包括以下几个方面。

1. 信息安全风险管理

信息安全风险管理是一个过程，而不是一个产品，其本质是风险管理。信息安全风险管理可以看成是一个不断降低安全风险的过程，最终目的是使安全风险降低到一个可接受的程度，使用户和决策者可以接受剩余的风险。信息安全风险管理贯穿信息系统生命周期的全部过程。信息系统生命周期包括规划、设计、实施、运维和废弃五个阶段。每个阶段都存在相关风险，需要采用同样的信息安全风险管理的方法加以控制。

信息安全风险管理是为保护信息及其相关资产，指导和控制一个组织相关信息安全风险的协调活动。我国《信息安全风险管理指南》指出，信息安全风险管理包括对象确立、风险评估、风险控制、审核批准、监控与审查、沟通与咨询六个方面，其中前四项是信息安全风险管理的基本步骤，监控与审查和沟通与咨询则贯穿于前四个步骤中。

2. 设施的安全管理

设施的安全管理包括网络的安全管理、保密设备的安全管理、硬件设施的安全管理、场地设施的安全管理等。

（1）网络的安全管理。网络管理系统是一个用于收集、传输、处理和存储有关信息系统与网络的维护、运行和管理信息的、高度自动化网络化的综合管理系统。它包括性能管理、配置管理、故障管理、计费管理、安全管理等功能。而安全管理又包括系统的安全管理、安全服务管理、安全机制管理、安全事件处理管理、安全审计管理、安全恢复管理等。

（2）保密设备的安全管理。保密设备的安全管理主要包括保密性能指标的管理，工作状态的管理，保密设备类型、数量、分配、使用者状况的管理及密钥的管理。

（3）硬件设施的安全管理。对硬件设施的安全管理主要考虑配置管理、使用管理、维修管理、存储管理、网络连接管理。常见的网络设备需要防止电磁辐射、电磁泄漏和自然老化；对集线器、交换机、网关设备或路由器，还需防止受到拒绝服务、访问控制、后门缺陷等威胁；对传输介质还需防止电磁干扰、搭线窃听和人为破坏；对卫星信道、微波接力信道等需防止对信道的窃听及人为破坏。

（4）场地设施的安全管理。机房和场地设施的安全管理需满足防水、防火、防静电、防雷击、防辐射、防盗窃等国家标准。其中：人员出入控制需要根据安全等级和涉密范围，采取必要的技术与行政措施，对人员进入和退出的时间及进入理由进行登记等；电磁辐射防护需要根据技术上的可行性与经济上的合理性，采取设备防护、建筑物防护、区域性防护和磁场防护等防护手段。

3. 信息的安全管理

根据信息化建设发展的需要，信息包括三个层次的内容：一是在网络和系统中被采集、传输、处理和存储的对象，如技术文档、存储介质、各种信息等；二是指使用的各种软件；三是安全管理手段的密钥和口令等信息。

目前使用最广泛的网络通信协议是 TCP/IP 协议。由于存在许多安全设计缺陷，网络信息常常面临许多威胁。网络管理软件是安全管理的重要组成部分，常用的有 HP 公司的 OpenView、IBM 公司的 NetView、SUN 公司的 NetManager 等，当然也需要额外的安全措施。

（1）存储介质的安全管理。存储介质包括纸介质、磁盘、光盘、磁带、录音/录像带等，它们的安全对信息系统的恢复、信息的保密、防病毒起着十分关键的作用。对不同类别的存储介质，安全管理要求也不尽相同。对存储介质的安全管理主要考虑存储管理、使用管理、复制和销毁管理、涉密介质的安全管理。

（2）技术文档的安全管理。技术文档是系统或网络在设计、开发、运行和维护中所有技术问题的文字描述。技术文档按其内容的涉密程度进行分级管理，一般分为绝密级、机密级、秘密级和公开级。对技术文档的安全管理主要考虑文档的使用、备份、借阅、销毁等方面，需要建立严格的管理制度并指定相关负责人。

（3）软件设施的安全管理。对软件设施的安全管理主要考虑配置管理、使用和维护管理、开发管理和病毒管理。软件设施主要包括操作系统、数据库系统、应用软件、网络管理软件以及网络协议等。操作系统是整个计算机系统的基石，由于它的安全等级不高，需要提供不同安全等级的保护。对数据库系统，需要加强数据库的安全性，并采用加密技术对数据库中的敏感数据加密。

（4）密钥和口令的安全管理。密钥是加密解密算法的关键，密钥管理就是对密钥的生成、检验、分配、保存、使用、注入、更换和销毁等过程所进行的管理。口令是进行设备管理的一种有效手段，对口令的产生、传送、使用、存储、更换均需要进行有效的管理和控制。

4. 运行的安全管理

信息系统和网络在运行中的安全状态也是需要考虑的问题，目前常常关注安全审计和安全恢复两个安全管理问题。

（1）安全审计。安全审计是指对系统或网络运行中有关安全的情况和事件进行记录、分析并采取相应措施的管理活动。目前主要对操作系统及各种关键应用软件进行审计。安全审计工作应该由各级安全机构负责实施管理，安全审计可以采用人工审计、半自动审计或自动智能审计三种方式。人工审计一般通过审计员查看、分析、处理审计记录；半自动审计一般由计算机自动分析处理，再由审计员作出决策和处理；自动智能审计一般由计算机完成分析处理，并借助专家系统作出判断，更能满足不同应用环境的需求。

（2）安全恢复。安全恢复是指网络和信息系统在受到灾难性打击或破坏时，为使网络和信息系统迅速恢复正常，并使损失降低到最小而进行的一系列活动。安全恢复的管理主要包括安全恢复策略的确立、安全恢复计划的制订、安全恢复计划的测试和维护及安全恢复计划的执行。

1.2 信息安全风险评估的概念

  信息安全风险评估是从风险管理的角度，运用科学的手段，系统地分析网络与信息系统所面临的威胁及其存在的脆弱性，评估安全事件一旦发生可能造成的危害程度，为防范和化解信息安全风险，或者将风险控制在可以接受的水平，制订有针对性的抵御威胁的防护对策和整改措施，以最大限度地保障网络和信息安全提供科学依据。

1.2.1 信息安全风险的相关概念

  信息系统是用于采集信息、组织信息、存储信息、传输信息的有组织的系统。更具体地说，它是研究人员和组织用于收集、过滤、处理、创建和分发数据的互补网络。

  信息安全即保护组织的数据免遭未经授权的访问或修改，以确保其保密性、完整性和可用性。保密性意味着系统上可用的信息对于未经授权的人员应该是安全的，比如客户的信用卡、医保卡中的信息等；完整性则意味着可用的信息应该是完整的，任何未经授权的人都不能够改变它，如果信息由于某种攻击而受到严重损害，那么这个信息将由于完整性受损而变得不可靠；可用性同前两种属性一样重要，即授权用户请求或要求的信息应该始终可用。除此之外，信息安全可能还涉及保护和保存信息的真实性与可靠性，并确保实体可以追究责任。

  信息安全风险评估是发现、纠正和预防安全问题的持续过程。风险评估作为风险管理流程的一个组成部分，旨在为信息系统提供适当级别的安全性，帮助机构确定可接受的风险水平以及由此产生的每个系统的安全性要求。

1.2.2 信息安全风险的基本要素

  从信息安全的角度来讲，风险评估是对信息资产所面临的威胁、存在的弱点、造成的影响，以及三者的综合作用在当前安全措施控制下所带来的与安全需求不符合的风险的可能性进行评估。作为风险管理的基础，风险评估是组织进一步确定信息安全需求和改进信息安全策略的重要途径，属于组织信息安全管理体系策划的过程。

  信息系统是信息安全风险评估的对象，信息系统中的资产、信息系统面临的可能威胁、系统中存在的脆弱性、安全风险、安全风险对业务的影响，以及系统中已有的安全控制措施和系统的安全需求等构成了信息安全风险评估的基本要素。

1. 资产（Asset）

  资产是指对组织具有价值的信息或资源，是安全策略保护的对象。资产能够以多种形式存在，包括有形的或无形的、硬件或软件、文档或代码，以及服务或形象等诸多表现形式。

  在信息安全体系范围内为资产编制清单是一项重要工作，每项资产都应该清晰地定义、合理地估价，并明确资产所有权关系，进行安全分类，记录在案。根据资产的表现形式，可将资产分为软件、硬件、服务、流程、数据、文档、人员等，如表1-1所示。

表1-1　资产分类

分 类	说 明
软件	系统软件：操作系统、语言包、开发系统、各种库/类等 应用软件：办公软件、数据库软件、工具软件等 源程序：各种共享源代码、可执行程序、开发的各种代码等
硬件	系统和外围设备：包括各种计算机设备、网络设备、存储设备、传输及保障设备等 安全设备：防火墙、IDS(Intrusion Detection System，入侵检测系统)、指纹识别系统等 其他技术设备：打印机、复印机、扫描仪、供电设备、空调设备等
服务	信息服务：对外依赖该系统开展业务而取得业务收入的服务 网络通信服务：各种网络设备、设施提供的网络连接服务 办公服务：各种MIS(Management Infermation System，管理信息系统)提供的为提高工作效率的服务 其他技术服务：照明、电力、空调、供热等
流程	包括IT和业务标准流程、IT和业务敏感流程，其中敏感流程具有给组织带来攻击或引入风险的潜在可能，如电信公司在新开通线路时可能会引入特殊风险
数据	在传输、处理和存储状态的各种信息资料，包括源代码、数据库数据、系统文档、运行管理规程、计划、报告、用户手册、各类纸质上的信息等
文档	纸质的各种文件、传真、财务报告、发展计划、合同等
人员	除了掌握重要信息和核心业务的人员之外，如主机维护主管、网络维护主管、应用项目经理、网络研发人员等，还包括其他可以访问信息资产的组织外用户
其他	企业形象与声誉、客户关系等

2. 威胁(Threat)

威胁是指可能对组织或资产造成损害的潜在原因，即威胁有可能导致不期望发生的安全事件发生，从而对系统、组织、资产造成损害。这种损害可能是偶然性事件，但更多的可能是蓄意的对信息系统和服务所处理信息的直接或间接的攻击行为，例如非授权的泄露、修改、停机等。威胁主要来源于环境因素和人为因素，其中人为因素包括恶意攻击和非恶意攻击。

（1）环境因素：指地震、火灾、水灾、电磁干扰、静电、灰尘、潮湿等环境危害，以及软件、硬件、数据、通信线路等方面的故障。

（2）恶意攻击：对组织不满的或有目的的人员对信息系统进行恶意破坏，会对信息的机密性、完整性和可用性等造成损害。

（3）非恶意攻击：由于缺乏责任心、安全意识或专业技能不足等原因而导致信息系统故障、被破坏或被攻击，本身无恶意企图。

根据威胁来源，可对威胁进行分类，如表1-2所示。

表1-2　威胁分类

分　类	说　明
软硬件故障	对业务实施或系统运行产业影响的设备硬件故障、存储介质故障、通信链路中断、系统本身或软件缺陷等
物理环境影响	对信息系统正常运行造成影响的物理环境问题和自然灾害，如地震、火灾、电磁干扰、静电、灰尘、潮湿、鼠蚁虫害等
物理攻击	通过物理的接触造成对软件、硬件或数据的破坏，如物理接触性损害、物理性破坏、盗窃等
恶意代码	在计算机系统上能执行恶意任务的程序代码，如病毒、特洛伊术马、蠕虫、间谍软件、窃听软件等
越权或滥用	对信息、信息系统、网络和网络服务的非授权访问，或滥用自己的权限，做出破坏信息系统的行为，如非正常修改系统配置或数据、滥用权限泄密等
网络攻击	利用工具和技术通过网络对信息系统进行攻击和入侵，如网络探测和信息采集、漏洞扫描、口令嗅探、用户身份伪造和欺骗等
泄密	信息泄露给不应了解的人，这包括内部信息泄露和外部信息泄露等
篡改	非法修改信息，破坏信息的完整性，使系统的安全性降低或信息不可用，如篡改网络配置信息、篡改用户身份信息或业务数据信息等
抵赖	否认收到的信息或所进行过的操作和交易等
管理不到位	安全管理无法落实或不到位，从而破坏信息系统的正常有序运行，如管理制度不完善、监督机制不健全等
无作为性失误	应该执行而没有执行相应的操作，或无意执行了错误的操作等

3. 脆弱性(Vulnerability)

脆弱性是指可能被威胁所利用的资产或若干资产的薄弱环节，例如操作系统存在漏洞、对数据库的访问没有访问控制机制、系统机房没有门禁系统等。

脆弱性是资产本身存在的，如果没有相应的威胁，单纯的脆弱性本身不会对资产造成损害，而且如果系统足够强健，则再严重的威胁也不会导致安全事件发生，从而造成损失。这说明，威胁总是要利用资产的脆弱性来产生危害。

资产的脆弱性具有隐蔽性，有些脆弱性只在一定条件和环境下才能显现，这也是脆弱性识别中最为困难的部分。要注意的是，不正确的、起不到应有作用的或没有正确实施的安全控制措施本身就可能是一种脆弱性。

脆弱性主要表现在技术和管理两个方面，如表1-3所示。其中技术脆弱性是指信息系统在设计、实现和运行时，涉及的物理层、网络层、系统层、应用层等各个层面在技术上存在的缺陷或弱点；管理脆弱性则是指组织管理制度、流程等方面存在的缺陷或不足。

表 1-3　资产脆弱性分类

分　类	示　例	说　明
技术脆弱性	未安装杀病毒软件	能发生系统信息被病毒侵害
	使用口令不当	能导致系统信息的非授权访问
	无保护的外网连接	能破坏联网系统中存储与处理信息的安全性
管理脆弱性	安全培训不足	能造成用户缺乏足够的安全意识，或产生用户错误
	机房钥匙管理不严	能形成资产的直接丢失或物理损害等
	离职人员权限未撤销	能引起泄密或业务活动受到损害

1.3　信息安全风险管理体系

　　信息安全管理体系（Information Security Management System，ISMS）是 1998 年前后从英国发展起来的信息安全领域中的一个新概念，是管理体系（Management System，MS）思想和方法在信息安全领域的应用。近年来，伴随着 ISMS 国际标准的修订，ISMS 迅速被全球接受和认可，成为世界各国、各种类型、各种规模的组织解决信息安全问题的一个有效方法。ISMS 认证随之成为组织向社会及其相关方证明其信息安全水平和能力的一种有效途径。

　　信息安全管理体系是组织机构单位按照信息安全管理体系相关标准的要求，制定信息安全管理方针和策略，采用风险管理的方法进行信息安全管理计划、实施、评审检查、改进的信息安全管理执行的工作体系。信息安全管理体系是按照 ISO/IEC 27001 标准《信息技术　安全技术　信息安全管理体系要求》建立的，ISO/IEC 27001 标准是由 BS7799-2 标准发展而来的。

　　信息安全管理体系 ISMS 是建立和维持信息安全管理体系的标准，标准要求组织通过确定信息安全管理体系范围、制定信息安全方针、明确管理职责、以风险评估为基础选择控制目标与控制方式等活动建立信息安全管理体系；体系一旦建立组织应按体系规定的要求进行运作，保持体系运作的有效性；信息安全管理体系应形成一定的文件，即组织应建立并保持一个文件化的信息安全管理体系，其中应阐述被保护的资产、组织风险管理的方法、控制目标及控制方式和需要的保证程度。

1.3.1　ISMS 的范围

ISMS 的范围可以根据整个组织或者组织的一部分进行定义，包括相关资产、系统、应用、服务、网络和用于过程中的技术、存储以及通信的信息等，ISMS 的范围包括：

(1) 组织所有的信息系统；

(2) 组织的部分信息系统；

(3) 特定的信息系统。

此外，为了保证不同的业务利益，组织需要为业务的不同方面定义不同的 ISMS。例如，可以为组织和其他公司之间特定的贸易关系定义 ISMS，也可以为组织结构定义 ISMS，不同的情境可以由一个或者多个 ISMS 表述。

组织内部成功实施信息安全管理的关键因素在于：

(1) 反映业务目标的安全方针、目标和活动；

(2) 与组织文化一致的实施安全的方法；

(3) 来自管理层的有形支持与承诺；

(4) 对安全要求、风险评估和风险管理的良好理解；

(5) 向所有管理者及雇员推行安全意识；

(6) 向所有雇员和承包商分发有关信息安全方针和准则的导则；

(7) 提供适当的培训与教育；

(8) 用于评价信息安全管理绩效及反馈改进建议，并有利于综合平衡的测量系统。

1.3.2　信息安全管理体系的作用

信息安全管理体系是一个系统化、程序化和文件化的管理体系。该体系具有以下特点：

(1) 体系的建立基于系统、全面、科学的安全风险评估，体现以预防控制为主的思想，强调遵守国家有关信息安全的法律法规及其他合同方的要求；

(2) 强调全过程和动态控制，本着控制费用与风险平衡的原则合理选择安全控制方式；

(3) 强调保护组织所拥有的关键性信息资产，而不是全部信息资产，确保信息的机密性、完整性和可用性，保持组织的竞争优势和商务运作的持续性。

组织建立、实施与保持信息安全管理体系将会产生如下作用：

(1) 强化员工的信息安全意识，规范组织信息安全行为；

(2) 对组织的关键信息资产进行全面系统的保护，维持竞争优势；

(3) 在信息系统受到侵袭时，确保业务持续开展并将损失降到最低程度；

(4) 使组织的生意伙伴和客户对组织充满信心；

(5) 如果通过体系认证，表明体系符合标准，证明组织有能力保证重要信息，提高组织的知名度与信任度；

(6) 促使管理层贯彻信息安全保障体系；

(7) 组织可以参照信息安全管理模型，按照先进的信息安全管理标准 BS7799 建立组织完整的信息安全管理体系并实施与保持，达到动态的、系统的、全员参与、制度化的、以预防为主的信息安全管理方式，用最低的成本，达到可接受的信息安全水平，从根本上保证业务的连续性。

1.3.3 PDCA 原则

PDCA 循环的概念最早是由美国质量管理专家戴明提出来的，所以又称为"戴明环"，它在质量管理中应用广泛。PDCA 代表的含义如下：

P(Plan)：计划，确定方针和目标，确定活动计划；

D(Do)：实施，实际去做，实现计划中的内容；

C(Check)：检查，总结执行计划的结果，注意效果，找出问题；

A(Action)：行动，对总结检查的结果进行处理，成功的经验加以肯定并适当推广、标准化；失败的教训加以总结，以免重现；未解决的问题放到下一个 PDCA 循环。

PDCA 循环的四个阶段具体内容如下：

(1) 计划阶段：制订具体工作计划，提出总的目标。具体来讲又分为以下四个步骤。

① 分析目前现状，找出存在的问题；

② 分析产生问题的各种原因以及影响因素；

③ 分析并找出管理中的主要问题；

④ 制订管理计划，确定管理要点。

根据管理体制中出现的主要问题，制订管理的措施、方案，明确管理的重点。制定管理方案时要注意整体的详尽性、多选性、全面性。

(2) 实施阶段：指按照制订的方案去执行。

在管理工作中全面执行制订的方案。制订的管理方案在管理工作中执行的情况，直接影响全过程。所以在实施阶段要坚持按照制订的方案去执行。

(3) 检查阶段：检查实施计划的结果。

检查工作这一阶段是比较重要的一个阶段，它是对实施方案是否合理，是否可行有何不妥的检查，是为下一个阶段工作提供条件，是检验上一阶段工作好坏的检验期。

(4) 行动阶段：根据调查效果进行处理。

对已解决的问题，加以标准化，即把已成功的可行的条文进行标准化，将这些纳入制度、规定中，防止以后再发生类似问题。

找出尚未解决的问题，转入下一个循环中，以便解决。

PDCA 循环实际上是有效进行任何一项工作的合乎逻辑的工作程序。在质量管理中，PDCA 循环得到了广泛的应用，并取得了很好的效果，有人也称其为质量管理的基本方法。之所以叫 PDCA 循环，是因为这四个过程不是运行一次就完结，而是周而复始地进行，其特点是"大环套小环，一环扣一环，小环保大环，推动大循环"。每个循环系统包括 PDCA 四个阶段螺旋式上升和发展，每循环一次要求提高一步。

建立和管理一个信息安全管理体系需要像其他任何管理体系一样的方法。这里描述的过程模型遵循一个连续的活动循环：计划、实施、检查和处置。之所以可以描述为一个有效的循环，是因为它的目的是保证组织的最好实践文件化、加强并随时间改进。信息安全管理体系的 PDCA 过程如图 1 – 1 所示。

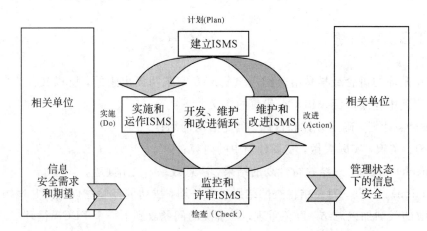

图 1 – 1　PDCA 模型与信息安全管理体系过程

1.3.4　ISMS 的 PDCA

1. 计划阶段

计划阶段的主要任务在于确定控制目标与控制方式，目的是保证正确地建立 ISMS 的内容和范围、识别和评估所有的信息安全风险，开发合适的风险处理计划。该阶段的要点在于：

1）确定信息安全方针

安全方针是在一个组织内，指导如何对信息资产进行管理、保护和分配的规则、指示，是组织信息安全管理体系的基本法。组织的信息安全方针，描述信息安全在组织内的重要性，表明管理层的承诺，提出组织管理信息安全的方法，为组织的信息安全管理提供方向和支持。

2）确定信息安全管理体系的范围

信息安全管理体系可以覆盖组织的全部或者部分。无论是全部还是部分，组织都必须明确界定体系的范围，如果体系仅涵盖组织的一部分这就变得更重要了。组织需要文件化信息安全管理体系的范围。

3）制定风险识别和评估计划

确定信息安全风险评估方法，并确定风险等级准则。评估方法应该和组织既定的信息安全管理体系范围、信息安全需求、法律法规要求相适应，兼顾效果和效率。组织需要建立风险评估文件，解释所选择的风险评估方法、说明为什么该方法适合组织的安全要求和业务环境，介绍所采用的技术和工具，以及使用这些技术和工具的原因。

4）制定风险控制计划

根据资产保密性、完整性和可用性丢失的潜在影响，评估由于安全失败（failure）可能引起的商业影响；根据与资产相关的主要威胁、薄弱点及其影响，以及目前实施的控制，评估此类失败发生的现实可能性；根据既定的风险等级准则，确定风险等级。

2. 实施阶段

本阶段的主要任务在于实施组织所选的控制目标与控制措施，同时，还需要分配适当的资源（人员、时间和资金）运行信息安全管理体系以及所有的安全控制。这包括将所有已实施控制文件化，以及信息安全管理体系文件的积极维护。该阶段的要点在于：

1）保证资源，提供培训，提高安全意识

提高信息安全意识的目的就是产生适当的风险和安全文化，保证意识和控制活动的同步，还必须安排针对信息安全意识的培训，并检查意识培训的效果，以确保其持续有效和实时性。如有必要应对相关方实施有针对性的安全培训，保证所有相关方能按照要求完成安全任务。

2）风险管理

以适当的优先权进行管理运作，执行所选择的控制，管理在策划阶段所识别的信息安全风险。对于评估认为是可接受的风险，不需要采取进一步的措施。对于不可接受的风险，需要实施所选择的控制，这应该与策划活动中准备的风险处理计划同步进行。计划的成功实施需要有一个有效的管理系统，其中要规定所选择方法、分配职责和职责分离，并且要依据规定的方式方法监控这些活动。在不可接受的风险被降低或转移之后，还会有一部分剩余风险。应对这部分风险进行控制，确保不期望的影响和破坏被快速识别并得到适当管理。

3. 行动阶段

经过了策划、实施、检查之后，组织在行动阶段必须对所策划的方案给以结论，是应该继续执行，还是应该放弃重新进行新的策划。当然该循环会给管理体系带来明显的业绩提升，组织可以考虑将成果扩大到其他的部门或领域，这就开始了新一轮的 PDCA 循环。该阶段的主要任务在于评价信息安全管理体系，寻求改进机会，采取相应措施。其要点在于：以检查阶段采集的不符合项信息为基础，通过纠正措施和预防措施对其进行调整与改进。

纠正措施是为消除已发现的不符合或其他不期望情况的原因所采取的措施。一个不符合可能有若干个原因，采取纠正措施就是要找出问题的原因，消除原因，防止再发生。

预防措施是为消除潜在不符合的原因，防止其发生而采取的措施。预防措施是在问题出现之前采取的措施，是为了防止系统或流程中的正常项发展为不符合项。预防措施应与潜在问题的影响程度相适应。

1.3.5　ISMS 建设整体思路

ISMS 的构建思路是将 PDCA 持续改进的信息安全管理模型作为体系建设过程的主要指导思想（见图 1-2），以保证整个体系可以不断地改进和循环。

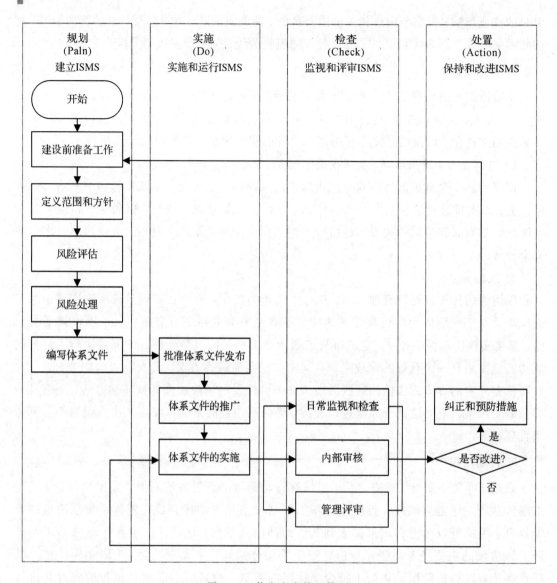

图 1-2　信息安全管理模型

1. 建立 ISMS

1）建立前准备工作

建立一套适用于企业的 ISMS，首先需从风险控制、效率、业务优势三个方面定义 ISMS 的目标，即如何更好地控制信息安全风险、如何提高处理信息安全的效率和如何创造业务优势。同时对管理目标进行分析考虑，例如以企业实例来考虑如何提高业务连续性、灾难恢复效率、事故的恢复力等。定义 ISMS 目标后，须定义 ISMS 的初始范围，明确 ISMS 建立过程中的相关角色和职责。对于定义这些角色职责应结合企业实际进行考虑，角色的人员数量与结构复杂度应结合企业的规模、类型和结构进行考虑。

2）定义 ISMS 范围和方针

通过对企业关键业务流程、物理环境以及组织结构等基本信息的分析，从业务边界、信息通信技术边界及物理边界三方面分析形成 ISMS 的范围边界。

ISMS 方针需考虑：实现企业业务要求和信息安全需求 ISMS 目标的指导；强调所需遵守的法律法规及合同义务要求；建立评价风险和定义风险评估结构准则；高层管理者的职责及承诺。

3）风险评估

风险评估初期应建立在相关标准需求控制点上的差距分析，完成对企业现有的信息安全框架的评估，并产生相应的符合度报告。

对企业所拥有的资产分类，依据重要程度分级，最后根据现有的信息安全措施识别出其中可能被威胁利用的资产脆弱性和发生概率。由此评估企业信息安全面临的风险。

4）风险处理

风险被识别后，通常有四种处理风险的方式：

（1）降低风险：实施控制措施将风险降低到可接受的等级。

（2）接受风险：计算出风险值并了解风险带来的影响。

（3）回避风险：忽略风险并非正确的解决方法，但可以通过将资产移出风险区域来避免风险发生或完全放弃可能产生安全脆弱点的活动来回避风险。

（4）转移风险：可通过购买保险或外包来转移风险。

大多情况下，企业应该选择相应的控制措施降低风险，企业可以选择能够承受对应控制措施中建议的保护方案来防护面临的威胁。在最终风险处置计划制订前，企业也可以接受或拒绝建议的保护方案。

一旦选定控制措施，应制订相应的风险处置计划，落实相关管理任务、职责、管理责任人、风险管理的优先级等，保证风险处置计划的实施。

5）编写体系文件

ISMS 建立的最后一步是编写体系文件。ISO/IEC 27001 中明确规定了 ISMS 实施必需文件化，因此对于 ISMS 的目标、方针、范围及各种控制措施的要求规定都应形成文件。编写 ISMS 文件时必须具备以下三个要素：

（1）符合性：ISMS 文件应符合标准的相应条款要求，即 ISO/IEC 27001 的相关条款要求。

（2）可操作性：符合企业的实际情况，具体的控制要求以满足企业实际需要为主，应具有统一格式、鲜明层级且简单适用、避免复杂性，不叙述不在该文件范围内的活动。

（3）一致性：同一文件中，上下文不能有不一致的地方，同一体系的不同文件之间不能有矛盾之处，同体系的文件之间不应有不一致的地方。

2. 实施与运行 ISMS

经历了 ISMS 建立后，实施与运行 ISMS 阶段主要是对体系的推广，具体包含以下三个阶段。

1）批准体系文件并发布

ISMS 建立阶段完成了满足标准要求、体现各类控制措施的体系文件，在本阶段中，首先应将文件发布给相关员工。

2）体系文件的推广

ISMS 运行过程中，控制措施的实施是解决问题的关键。员工往往因业务繁忙、安全意识淡薄等原因忽视对体系文件的学习和理解，从而导致 ISMS 实施不通畅。因此，ISMS 建立后，对员工进行体系文件实施方面的培训，安全意识的宣贯等推广手段在 ISMS 的实施与运行过程中至关重要。

3）确保体系文件的实施

这是 ISMS 实施运行阶段中最关键的过程，也是其目的所在。执行风险处理计划和相关体系文件属于体系的正式实施阶段，该阶段需要执行所选择的控制措施，因此需要相关人员的参与和执行。要确保体系文件的实施，企业必须保证分配有 ISMS 职责的人员具有执行所要求任务的能力，上一阶段中已考虑了对实施人员能力的加强。确保体系实施和运行的另一方面是考虑其他资源的供应，以确保信息安全程序支持业务要求。这个问题更多取决于管理者的态度，在其他阶段同样需要管理者的支持。因此，在 ISMS 建立和实施的整个过程中取得高层管理者的大力支持也是体系有效实施的前提。

3. 监视与评审 ISMS

监视与评审 ISMS 阶段的活动主要有三个：日常监视和检查、内部审核和管理评审。

1）日常监视和检查

日常监视和检查是监视和评审 ISMS 的常规性活动，是在各人员运行 ISMS 时发现存在的问题和所采取的有效手段。它应达到以下目的：① 迅速检测过程运行结果中的错误；② 迅速识别试图的和得逞的安全违规和事故；③ 使管理者确定分配给人员的安全活动或通过信息技术实施的安全活动是否被如期执行；④ 通过使用指标，帮助检测安全事件并预防安全事故；⑤ 确定解决安全违规的措施是否有效。

2）内部审核

为周期性全面审核，主要以标准的符合性、法律法规要求以及企业的信息安全方针的要求为准则，保证其有效地实施和保持。企业应根据审核的过程、区域的状况和重要性以及以往审核的结果确定审核的准则、范围、频次和方法。同时，对于执行每次内审，应对审核方案进行策划，规定审核的目标、范围、内容、步骤、时间及人员安排等，审核完成后应形成审核报告。

3）管理评审

ISMS 管理评审是管理者按照计划的时间间隔组织实施的 ISMS 评审，目标是要检查 ISMS 是否有效，识别可以改进的地方，并采取措施，以保证 ISMS 保持持续的适宜性、充分性和有效性。管理评审以会议为主，在管理者的主持下就 ISMS 运行中存在的问题提出解决方法，并制定纠正与预防措施。

4. 保持和改进 ISMS

保持和改进 ISMS 阶段的主要目的是实施监视和评审 ISMS 阶段所识别的改进措施，以实现体系的持续改进。改进措施包括纠正和预防措施。

1）纠正和预防措施

采取纠正措施是为消除与 ISMS 要求不符合的原因，以防止再发生。预防措施是指为消除潜在的不符合的原因，防止其发生采取的措施。纠正措施与预防措施有所区别，纠正措施是为了防止不符合的再发生，而预防措施是为了防止不符合的发生。

在监视和评审 ISMS 阶段，通过日常的监视与检查、内部审核以及管理评审等识别出与 ISMS 要求不符合的事项以及潜在的不符合项，进而识别出不符合发生和潜在的不符合发生的原因。管理评审的输出结果中会确定要实施的纠正措施及预防措施，保持和改进 ISMS 阶段就是实施措施、记录措施采取的结果并对其评审。

2）持续改进

企业应通过使用信息安全方针、安全目标、审核结果、监视事件的分析、纠正和预防措施以及管理评审持续地改进 ISMS 的有效性。

1.4　信息安全风险评估现状

当今信息时代，计算机网络已经成为一种不可缺少的信息交换工具。然而，由于计算机网络具有开放性、互联性、连接方式的多样性及终端分布的不均匀性，再加上本身存在的技术弱点和人为的疏忽，致使网络易受计算机病毒、黑客或恶意软件的侵害。信息安全就是要防止非法的攻击和病毒的传播，以保证计算机系统和通信系统的正常运作。信息安全主要包括四方面的内容，即需保证信息的保密性、完整性、可用性和可控性。综合起来，就是要保障电子信息的有效性。

随着网络技术的飞速发展，网络中的不安全因素也在逐渐增加，所以，强化网络的信息安全，解决信息安全，才能使信息化持续，向健康的方向发展。为了应对目前出现的信息系统的各种安全问题，并且使人们对系统安全性有更详尽的认识，需要对信息系统进行一个相对全面的、正确的安全风险评估。信息安全风险评估是完善信息系统安全性的一个重要环节。

1.4.1　国内现状

相对于欧美等发达国家，我国的信息安全发展相对滞后，所做的工作多是在对信息安全问题的认识过程中发展起来的。早期通过检查发现问题之后提高信息安全，20 世纪 80 年代后，随着计算机的推广与应用，计算机安全问题开始引起重视，但由于缺乏风险意识，多去寻求绝对安全的措施。到 20 世纪 90 年代后，互联网的应用逐渐广泛，信息安全环境日益严峻，我国也开始加大对信息安全风险分析技术的研究，并在此基础上制定了相关的信息安全技术标准和信息管理规范。

我国信息安全标准的研究基本上从 20 世纪 90 年代末开始，主要是等同采用或修改相关的国际标准。典型标准如下：

GB/T 18336 — 2001《信息技术　安全技术　信息技术信息安全评估标准》

GB/T 20984 — 2007《信息安全技术　信息系统的风险评估规范》

GB/T 19716 — 2005《信息技术　信息安全管理实用规则》

GB/T 9361 — 2000《计算机场地安全要求》

GB/T 22239 — 2008《信息安全技术信息系统安全等级保护基本要求》

GB/T 18336.1 — 2015《信息技术　安全技术　信息技术安全性评估准则 第 1 部分：

简介和一般模型》(等同采用 ISO/IEC 15408.1：2008)

　　GB/T 18336.2 — 2015《信息技术　安全技术　信息技术安全性评估准则 第 2 部分：安全功能要求》(等同采用 ISO/IEC 15408.2：2008)

　　GB/T 18336.3 — 2015《信息技术　安全技术　信息技术安全性评估准则 第 3 部分：安全保证要求》(等同采用 ISO/IEC 15408.3：2008)

　　另外，在国际标准的基础上，也制定了一些针对我国信息化建设特点的信息安全技术和信息安全评估的国家、地方标准，并逐渐形成了适应我国国情的信息安全风险评估体系。

1.4.2　国外现状

　　信息安全的研究始于军事领域，而后信息安全的研究在各行各业的其他领域也开始发展，并逐渐发展成一门学科。在有信息安全风险评估经验的国家中，美国对信息安全风险评估研究的历史最长，工作经验也最为丰富，并在信息技术和信息安全的发展中占有主导地位。信息安全风险评估在美国的发展状况在一定程度上也代表了风险评估的国际发展情况。从最初关注计算机保密发展到目前关注信息系统基础设施的信息保障，大体经历了 3 个阶段：第一阶段(20 世纪 60 — 70 年代)——以计算机为对象的保密阶段；第二阶段(20 世纪 80 — 90 年代)——将网络作为对象进行信息保护；第三阶段(20 世纪 90 年代末至 21 世纪初)——以信息基础设施为对象的信息安全保障阶段。相应的评估对象由计算机发展到计算机和网络，到信息系统关键基础设施，大体的发展历程如表 1 - 4 所示。

表 1 - 4　信息安全风险评估发展历程

阶段 \ 属性	时间	评估对象	背景	特点	性质
第一阶段	20 世纪 60 — 70 年代	计算机	计算机开始应用于政府和军队	对安全的评估只局限于保密性	保密性阶段
第二阶段	20 世纪 80 — 90 年代	计算机网络	计算机系统形成了网络化的应用	逐步认识到了更多信息安全属性：保密性、完整性、可用性	保护性阶段
第三阶段	20 世纪 90 年代末至 21 世纪初	信息系统关键基础设施	计算机网络系统成为关键基础设施的核心	安全属性扩大到了保密性、完整性、可用性、不可否认性等多个方面	保障性阶段

　　因为西方发达国家对信息技术的研究和应用比较早，信息化程度较高，所以更为重视信息安全问题，较早地开展了风险评估工作。

　　最初，风险评估主要致力于操作系统和网络环境，包括薄弱点评估和渗透性测试。随着人们对信息系统中资产形式的进一步认识，发现它除了包括存储在计算机中的数据、文档以外，还包括承载信息的各种载体(如纸质载体、人员等)。因此，信息系统的安全问题涉及的范围也随之扩大。信息安全风险评估的重点从网络环境、操作系统发展到整个管理体系。此外，信息安全研究者发现维护信息安全的工作重点在于防御潜在风险的发生。许多国家和组织相继建立了一系列针对于预防安全事件发生的风险评估指南和方法，如图 1-3 所示。

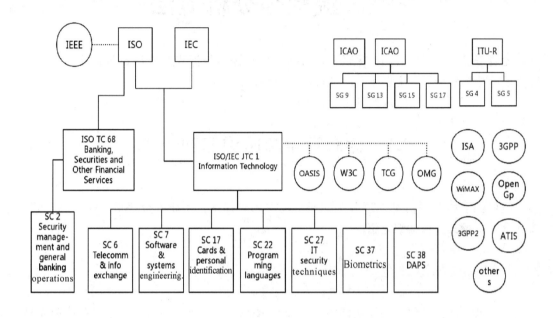

图 1-3　国际上制定信息安全标准的组织

　　基于国家或政府颁布的信息安全管理标准或指南建立风险评估工具。目前世界上存在多种不同的风险分析指南和方法，例如 NIST（National Institute of Standards and Technology）的 FIPS 65、DoJ（Department of Justice）的 SRAG 和 GAO（Government Accounting Office）的信息安全管理的实施指南。针对这些方法，美国开发了自动化风险评估工具；英国推行基于 BS7799 的认证产业，在建立信息安全管理体系过程中要进行风险评估，根据 PD3000 中提供的风险评估方法，建立了 CRAMM、RA 等风险分析工具。许多国家也在国际标准化组织的 ISO/IEC JTC/SC27 信息技术安全管理指南的基础上建立了自己的风险评估工具。

第 2 章 信息安全风险评估的
流程与分析方法

随着信息安全风险评估研究的不断深入，风险评估的流程与方法也日益多样，本章主要对风险评估的分类、流程与方法进行简单介绍。

2.1 信息安全风险评估的分类

信息安全风险评估可大致分为三类：基本风险评估，详细风险评估，联合风险评估。以下章节将对其进行详细介绍。

2.1.1 基本风险评估

基本风险评估又称基线风险评估（Baseline Risk Assessment），是指应用直接和简易的方法达到基本的安全水平，就能满足组织及其业务环境的所有要求。基线风险评估适用于组织的业务环境不是很复杂，并且组织对信息处理和网络的依赖程度不是很高，或者组织信息系统多采用普遍且标准化模式的情形。

采用基线风险评估，组织根据自己的实际情况（所在行业、业务环境与性质等），对信息系统进行安全基线检查（以现有的安全措施与安全基线规定的措施进行比较，找出其中的差距），得出基本的安全需求，通过选择并实施标准的安全措施来消减和控制风险。所谓的安全基线，是在诸多标准规范中规定的一组安全控制措施或者惯例，这些措施和惯例适用于特定环境下的所有系统，可以满足基本的安全需求，能使系统达到一定的安全防护水平。组织可以根据以下资源来选择安全基线。

安全基线可以有多种选择，可分为如下几类：

（1）国际标准和国家标准，例如 BS 7799 - 1、ISO 13335 - 4；

（2）行业标准或推荐，例如德国联邦安全局 IT 基线保护手册；

（3）其他有类似业务目标和规模的组织的惯例。

基线评估的优点是需要的资源少，周期短，操作简单，对于环境相似且安全需求相当的诸多组织，基线评估显然是最经济有效的风险评估途径。当然，基线评估也有其难以避免的缺点，比如基线水平的高低难以设定，如果过高，可能导致资源浪费和限制过度；如果过低，可能难以达到充分的安全。此外，在管理安全相关的变化方面，基线评估比较困难。

基线评估的目标是建立一套满足信息安全基本目标的最小的对策集合，它可以在全组织范围内实行，如果有特殊需要，应该在此基础上，对特定系统进行更详细的评估。

2.1.2　详细风险评估

详细的风险评估实际上就是对资产、威胁和脆弱性进行详细的识别与评价,详细的风险评估结果被用于风险评估和安全控制措施的识别和选择。

详细风险评估要求对资产进行详细识别和评价,对可能引起风险的威胁和弱点水平进行评估,根据风险评估的结果来识别和选择安全措施。这种评估途径集中体现了风险管理的思想,即识别资产的风险并将风险降低到可接受的水平,以此证明管理者所采用的安全控制措施是恰当的。

详细风险评估的流程主要有两步:

(1) 对资产、威胁和脆弱性进行识别和赋值。

(2) 使用合适的风险评估方法完成风险计算得出结果。

详细评估的优点在于组织可以通过详细的风险评估对信息安全风险有一个精确的认识,并且准确定义出组织目前的安全水平和安全需求;详细评估的结果可用来管理安全变化。当然,详细的风险评估可能是非常耗费资源的过程,包括时间、精力和技术,因此,组织应该仔细设定待评估的信息系统范围,明确商务环境、操作和信息资产的边界。

但详细评估也有其缺点,详细评估需要花费大量的时间、精力以及对技术的要求过高。

2.1.3　联合风险评估

联合风险评估首先使用基本的风险评估方法,识别信息安全管理体系范围内具有潜在高风险或对业务运作极为关键的资产,然后根据基本的风险评估的结果,将信息安全管理体系范围内的资产分为两类,一类需要应用详细的风险评估方法以达到适当的保护;另一类通过基本的风险评估方法就可以满足组织对安全的需求。

联合风险评估将基线和详细风险评估的优势结合起来,既节省了评估所耗费的资源,又能确保获得一个全面系统的评估结果,而且,组织的资源和资金能够应用到最能发挥作用的地方,具有高风险的信息系统能够被预先关注。当然,联合风险评估也有缺点:如果初步的高级风险评估不够准确,某些本来需要详细评估的系统也许会被忽略,最终导致结果失准。

2.2　信息安全风险评估的四个阶段

2.2.1　评估准备阶段

风险评估的准备是整个风险评估过程有效性的保证。组织实施风险评估是一种战略性的考虑,其结果将受到组织的业务战略、业务流程、安全需求、系统规模和结构等方面的影响。故此,在风险评估正式实施之前,要做如下准备。

1. 确定风险评估的目标

根据组织的业务战略，有关法律法规和文件精神等，确定此次风险评估的目标。

2. 确定风险评估的范围

风险评估的范围可能是组织全部的信息及其与信息处理相关的各类资产、管理机构，也可能是组织所属的一个或几个子机构或子部门。

3. 组建评估团队

风险评估实施团队可大致分为委托评估机构和自评估机构两种形式。无论是委托评估还是自评估，风险评估实施团队都必须要由管理层、业务骨干(及业务专家，指被评估单位的业务骨干)和信息安全技术骨干组成。

4. 系统调研

系统调研的目的是为了对此次风险评估的目标、范围做出初步判断，为撰写风险评估计划做必要的准备。测评机构进行系统调研可以通过与被测评机构的初步交流来实现。调研内容有：

(1) 业务战略和管理制度；

(2) 主要的业务功能和要求；

(3) 网络结构；

(4) 系统边界；

(5) 主要的硬件和软件；

(6) 数据和信息。

5. 制订方案

根据系统调研所获得的用户的各种资料，测评机构应该向用户提交一份《信息安全风险评估计划》，包括此次评估的目标、范围、依据、技术路线、时间安排、人员安排、保障条件、交付成果等内容。

6. 意识培训

向用户事先进行有关信息安全风险评估的意识教育非常必要，它有助于测评人员在风险评估过程中获得用户的理解和支持。

2.2.2 评估识别阶段

评估识别阶段的任务是对资产、威胁、脆弱性识别和已有安全措施的确认。

1. 资产识别

保密性、完整性和可用性是评价资产的三个安全属性。风险评估中资产的价值不是以资产的经济价值来衡量，而是由资产在这三个安全属性上的达成程度或者其安全属性未达成时所造成的影响程度来决定的。安全属性达成程度的不同将使资产具有不同的价值，而资产面临的威胁、存在的脆弱性以及已采用的安全措施都将对资产安全属性的达成程度产生影响。为此，应对组织中的资产进行识别。在一个组织中，资产有多种表现形式，同样的两个资产也因属于不同的信息系统而重要性不同，而且对于提供多种业务的组织，其支持业务持续运行的系统数量可能更多。这时首先需要将信息系统及相关的资产进行恰当的分类，以此为基础进行下一步的风险评估。在实际工作中，具体的资产分类方法可以根据具体的评估对象和要求，由评估者灵活把握。根据资产的表现形式，可将资产分为数据、软件、硬件、服务、人员等类型。

2. 威胁识别

威胁可以通过威胁主体、资源、动机、途径等多种属性来描述。造成威胁的因素可分为人为因素和环境因素。根据威胁的动机，人为因素又可分为恶意和非恶意两种。环境因素包括自然界不可抗的因素和其他物理因素。威胁作用形式可以是对信息系统直接或间接的攻击，在保密性、完整性和可用性等方面造成损害；也可能是偶发的或蓄意的事件。

3. 脆弱性识别

脆弱性是资产本身存在的，如果没有被相应的威胁利用，单纯的脆弱性本身不会对资产造成损害。而且如果系统足够强健，严重的威胁也不会导致安全事件发生，并造成损失。即，威胁总是要利用资产的脆弱性才可能造成危害。

资产的脆弱性具有隐蔽性，有些脆弱性只有在一定条件和环境下才能显现，这是脆弱性识别中最为困难的部分。不正确的、起不到应有作用的或没有正确实施的安全措施本身可能就是一个脆弱性。

脆弱性识别是风险评估中最重要的一个环节。脆弱性识别可以以资产为核心，针对每一项需要保护的资产，识别可能被威胁利用的弱点，并对脆弱性的严重程度进行评估；也可以从物理、网络、系统、应用等层次进行识别，然后与资产、威胁对应起来。脆弱性识别的依据可以是国际或国家安全标准，也可以是行业规范、应用流程的安全要求。对应用在不同环境中的相同的弱点，其脆弱性严重程度是不同的，评估者应从组织安全策略的角度考虑、判断资产的脆弱性及其严重程度。信息系统所采用的协议、应用流程的完备与否、与其他网络的互联等也应考虑在内。

脆弱性识别时的数据应来自于资产的所有者、使用者，以及相关业务领域和软硬件方面的专业人员等。脆弱性识别所采用的方法主要有：问卷调查、工具检测、人工核查、文档查阅、渗透性测试等。

脆弱性识别主要从技术和管理两个方面进行。技术脆弱性涉及物理层、网络层、系统层、应用层等各个层面的安全问题。管理脆弱性又可分为技术管理脆弱性和组织管理脆弱性两方面，前者与具体技术活动相关，后者与管理环境相关。

4. 已有安全措施的确认

在识别脆弱性的同时，评估人员应对已采取的安全措施的有效性进行确认，即是否真正地降低了系统的脆弱性，抵御了威胁。对有效的安全措施继续保持，以避免不必要的工作和费用，防止安全措施的重复实施。对确认为不适当的安全措施应核实是否应被取消或对其进行修正，或用更合适的安全措施替代。

安全措施可以分为预防性安全措施和保护性安全措施两种。预防性安全措施可以降低威胁利用脆弱性导致安全事件发生的可能性，如入侵检测系统；保护性安全措施可以减少因安全事件发生后对组织或系统造成的影响。

安全措施确认与脆弱性识别存在一定的联系。一般来说，安全措施的使用将减少系统技术或管理上的脆弱性，但安全措施确认并不需要和脆弱性识别过程那样具体到每个资产、组件的脆弱性，而是一类具体措施的集合，为风险处理计划的制订提供依据和参考。

2.2.3 风险评价阶段

1. 风险计算原理

在完成了资产识别、威胁识别、脆弱性识别，以及已有安全措施确认后，将采用适当的方法与工具确定威胁利用脆弱性导致安全事件发生的可能性。综合安全事件所作用的资产价值及脆弱性的严重程度，判断安全事件造成的损失对组织的影响，即安全风险。本标准给出了风险计算原理，以下面的范式形式化加以说明：

$$风险值 = R(A,T,V) = R(L(T,V), F(la, Va))$$

其中，R 表示安全风险计算函数；A 表示资产；T 表示威胁；V 表示脆弱性；la 表示安全事件所作用的资产价值；Va 表示脆弱性严重程度；L 表示威胁利用资产的脆弱性导致安全事件的可能性；F 表示安全事件发生后造成的损失。

2. 风险结果判定

为实现对风险的控制与管理，可以对风险评估的结果进行等级化处理，可将风险划分为五级，等级越高，风险越高。

评估者应根据所采用的风险计算方法，计算每种资产面临的风险值，根据风险值的分布状况，为每个等级设定风险值范围，并对所有风险计算结果进行等级处理。每个等级代表了相应风险的严重程度。

表 2-1 提供了一种等级划分的方法。

表 2-1 风险等级划分表

等级	标识	描 述
5	很高	一旦发生将产生非常严重的经济或社会影响，如组织信誉严重破坏、严重影响组织的正常经营，经济损失重大、社会影响恶劣
4	高	一旦发生将产生较大的经济或社会影响，在一定范围内给组织的经营和组织信誉造成损害
3	中等	一旦发生会造成一定的经济、社会或生产经营影响，但影响面和影响程度不大
2	低	一旦发生造成的影响程度较低一般仅限于组织内部，通过一定手段很快能解决
1	很低	一旦发生造成的影响几乎不存在，通过简单的措施就能弥补

2.2.4 风险处理阶段

风险等级处理的目的是为风险管理过程中对不同风险的直观比较，以确定组织安全策略。组织应当综合考虑风险控制成本与风险造成的影响，提出一个可接受的风险范围。对某些资产的风险，如果风险计算值在可接受的范围内，则该风险是可接受的，应保持已有的安全措施；如果风险评估值在可接受的范围外，即风险计算值高于可接受范围的上限值，则该风险是不可接受的，需要采取安全措施以降低、控制风险。另一种确定不可接受的风险的办法是根据等级化处理的结果，设定可接受风险值的基准，对达到相应等级的风险都进行处理。

对不可接受的风险应根据导致该风险的脆弱性制定风险处理计划。风险处理计划中应明确采取的弥补脆弱性的安全措施、预期效果、实施条件、进度安排、责任部门等。安全措施的选择应从管理与技术两个方面考虑。安全措施的选择与实施应参照信息安全的相关标准进行。

2.3　信息安全风险分析方法

常见的安全风险分析方法主要有定量分析、定性分析和综合分析法。

1. 定量分析

定量分析法对构成风险的各个要素和潜在损失水平用数值或货币的形式来描述。在度量风险的所有要素（资产价值、威胁可能性、弱点利用程度、安全措施的效率和成本等）都被进行赋值之后，风险评估的整个过程和结果就可以进行量化。通过定量分析可以对安全风险进行准确的分级，能够获得很好的风险评估结果。但是，对安全风险进行准确分级的前提是可供参考的数据指标正确性，而这个前提在于信息系统日益复杂的今天是难以保证的。由于数据统计缺乏长期性，计算过程又极易出错，定量分析的细化非常困难。

常见的定量分析方法有：聚类分析法、因子分析法、时序模型等。

2. 定性分析

作为目前使用最为广泛的方法，定性分析需要评估分析者的经验、知识和直觉，结合标准和惯例，为风险评估因素的大小或高低程度进行定性分级，带有很强的主观性。定性分析的操作可以通过检查列表、问卷调查、人员访谈等来完成。定性分析操作简单，但可能因为评估分析者在经验和直觉上的偏差而导致分析结果失准。

常用的定性分析法有：专家评价法、故障树分析法、事件树分析法、因果分析法等。

3. 综合方法

综合方法主要是将定量和定性两者相结合，最大程度上降低两个缺点对风险评估所造成的影响。

目前比较先进的综合方法有：模糊综合评判法、网络层次分析法。

各种方法比较如下表 2-2 所示。

表 2 - 2　定量、定性和综合法比较

方法	定义	优点	缺点
定性法	主要依据评估分析者的知识、经验、历史教训、政策走向及特殊案例等非量化资料对信息系统风险状况做出判断的过程	可以挖掘出一些蕴藏很深的思想，使评估的结论更全面、更深刻；便于企业管理、业务和技术人员更好地参与分析工作，大大提高分析结果的适用性和可接受性	主观性很强，对评估者的要求很高；缺乏客观数据的支持
定量法	运用数量指标来对风险进行评估	结果直观，随着时间的推移，在大量的数据记录基础上可获取经验，精度也会随之提高	计算过程复杂、耗时，需要专业工具支持和一定的专业知识基础
综合法	定量分析是基础和前提；定性分析是灵魂，是形成概念、观点，做出判断，得出结论所必须依靠的	针对复杂的信息系统，能够将定量和定性法的优点相结合起来	难度大、复杂度高、对评估者的要求高

2.4　信息安全风险分析流程

基于不同风险分析标准和评估方法，风险分析过程可能多种多样。以 GB/T 20984 — 2007 为例，该标准下风险分析的过程大致如图 2-1 所示，以下对信息安全风险分析过程进行简单的介绍。

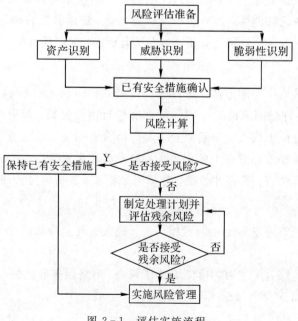

图 2-1　评估实施流程

2.4.1　资产识别

资产是构成整个系统的各种要素的组合，直观地表达了系统业务的重要性。这种重要性即代表资产应有的保护价值。在对一个信息系统进行资产识别的时候，因为系统往往是庞大的，与之相关联的资产数量众多，故要依据相关的分类法对这些资产进行分类。

1. 资产类别

确认评估范围后首要任务就是对组织被评估系统涉及的资产进行识别，合理分类。分类的目的是直观的反映资产在被评估系统中的重要程度。信息系统资产主要分为信息资产、软件资产、物理资产和人员资产。

1）信息资产

信息资产是保存在信息媒介上的各种数据资料，包括源代码、数据库数据、各类系统文档、设备和系统的配置信息、计划、报告、用户手册等，管理制度、运行维护管理规范等也属于信息资产的范畴。

2）软件资产

软件资产包括各类系统软件（操作系统、语句包、工具软件、各种库等）、应用软件（外部购买的应用软件，外包开发的应用软件等）和源程序（各种共享源代码、自行或合作开发的各种源代码等）。

3）物理资产

物理资产主要包括网络设备（路由器、网关、交换机等）、计算机设备（大型机、小型机、服务器、工作站、台式计算机、移动计算机等）、存储设备（磁带机、磁盘阵列、磁带、光盘、软盘、移动硬盘等）、安全设备（防火墙、入侵检测系统、身份验证等）、传输线路（光纤、双绞线等）、保障设备（动力保障设备、空调、保险柜、文件柜、门禁、消防设施等）、各类基础物理设施（比如办公楼、机房以及辅助的温度控制、湿度控制、防火防盗报警设备等）和其他设备（打印机、复印机、扫描仪、传真机等）。

4）人员资产

人员资产是组织内部具备不同综合素质的人员，他们掌握重要信息和核心业务，如高、中级管理人员、技术人员和其他运行维护保障人员等。

2. 资产价值

风险分析的基础工作和首要任务是资产分析。资产分析通过对资产的各种属性进行分析，再进行资产确认、价值分析和统计报表。一般来说资产分析就是资产业务行为的价值尺度。常见的资产价值表达方式有以下几种：

（1）有形价值，比如硬件资产价值等；

（2）无形价值，比如企业声誉、品牌价值等；

（3）信息价值，比如信息的完整性、可用性、保密性等。

3. 资产管理

资产的定义从宏观上讲是组织内所有需要保护的对象，它是风险分析的基本对象。资产包括有形资产和无形资产。在具体项目实施过程中，对于具有共同属性或者共同服务于某一特定业务功能区的多个独立资产看成一个组（区域、系统、业务）。

制作资产清单的步骤是资产识别和赋值。资产清单反映了资产的相应价值，或以有形价值和无形价值，或以完整性、可用性和保密性体现资产的信息价值。资产识别与赋值所需时间的长度与清单中资产价值的精确程度是成正比的，精确程度越高，所需时间越长。资产的相关信息对于资产的后续管理有很大的帮助。通过风险分析管理系统对资产进行单独、有效的管理，同时可以与资产管理系统相结合，加强对资产安全属性的管理。

资产管理包含三部分的内容：资产归属管理（区域、系统、业务）、资产价值管理和资产基本信息管理。

2.4.2　威胁识别

我们把可能导致对系统或者组织危害的事故潜在的原因定义为威胁。威胁可以直接或间接地对信息系统进行攻击。在进行风险分析的时候，威胁识别不仅仅需要对潜在的威胁进行识别，并且那些已经发生过的也需要进行记录。威胁主体分为环境因素和人为因素。人为因素又分为恶意和非恶意两种。环境因素分为自然灾害和设备故障。威胁途径分为直接接触和间接接触，直接接触是威胁主体能够物理接触到资产，间接接触是可以通过网络、语音、视频等形式接触到资产。

1. 威胁源识别

威胁对资产造成的损害，可能是人为因素，也可能是环境因素；可能是恶意的，也可能是非恶意的；可能是自然灾害，也可能是设备故障。组织资产可能因地理位置和自身特点不同而面对不同的威胁源。常见的威胁源如下：

（1）不可抗力：由于环境（环境污染，电力故障，液体泄露，化学污染等）、自然（水灾，地震灾害，地质灾害，气象灾害，自然火灾及其他类似事件）、政治（战争，内乱）等因素造成的威胁。

（2）组织弱点：由于管理制度、组织结构等因素造成的威胁。

（3）人为失误：由于操作人员的无意识行为、经验、知识、技能等原因造成的威胁。

（4）技术缺陷：由于产品的运行、设计、实现、编码、配置、规划等造成的安全威胁。

（5）恶意行为：扫描监听、网络攻击（后门，漏洞，口令，拒绝服务等）、越权或滥用、行为抵赖、滥用网络资源造成的安全威胁。

2. 威胁分析手段

威胁获取方式有：人员访谈、问卷调查、入侵检测系统、资料查看和人工分析等。

如果组织信息系统存在的脆弱性被潜在的威胁源利用，就会导致安全事件。因此，对威胁的分析是与组织存在的脆弱性相结合的。

2.4.3　脆弱性识别

脆弱性是资产自身所具备的，是可能被威胁所利用的弱点，也就是我们常说的漏洞。脆弱性在未被威胁利用的情况下是不会对系统造成任何损坏的，而威胁要利用脆弱性才能对信息系统造成危害。作为脆弱性所具有的一大特点，并且要在一定条件下(如被威胁利用)才能显现出来，隐蔽性导致脆弱性的识别具有一定的难度。

脆弱性分析的目的是分析出对可能被潜在威胁源所利用的缺陷或弱点，这些缺陷和弱点可能是技术上的也可能是管理上的。

1. 脆弱性源

脆弱性又称弱点，是指组织的资产的弱点被威胁所利用，它不仅仅包括在物理环境、软件、硬件、通信设施、人员等方面，同样在管理、组织机构、业务流程方面也存在脆弱性。所以脆弱性包括了两部分：技术脆弱性和非技术脆弱性。

技术脆弱性是指操作系统和应用系统在开发设计和实现方面存在缺陷和不足。技术脆弱性广泛的分布在操作系统、应用软件、网络设备、安全设备、数据库、通信协议等系统和设备中。

非技术脆弱性是指物理环境、访问控制、人员安全、安全方针策略、组织安全、系统开发维护、运行维护安全、业务连续性管理等方面存在的缺陷和不足。非技术脆弱性分析的方式有：人员访谈、资料查看、问卷调查和现场检查等手段。

2. 脆弱性分析手段

技术脆弱性识别的类型包括网络结构脆弱性识别、主机系统脆弱性识别、数据库系统脆弱性识别和应用中间件脆弱性识别。

技术脆弱性分析方式一般采用：网络扫描、主机审计、渗透测试和系统分析等手段。其中渗透测试风险相对于其他几种方法风险概率会高一些，所以在实际评估中要结合组织的实际情况选择性的实施。

2.4.4　已有安全措施确定

在风险分析的时候已有的安全措施往往是不容忽视的因素，因为已有的安全措施能够降低系统的脆弱性，抵御威胁。在进行威胁识别和脆弱性识别的时候考虑到已有的安全措施，可以避免不必要的人力和物力。已有的安全措施常常被分为预防性安全措施和保护性安全措施。

风险分析过程中，对控制措施的有效性进行详细的核查，并对已采取的安全控制措施进行识别，是保障风险分析结果全面性、准确性的基本条件。通过问卷调查、人工检查等方式识别被评估信息系统有效对抗风险的防护措施，可以为后续综合风险分析提供有力的参考数据。

2.4.5　风险分析

1. 风险分析过程

在完成了资产识别、威胁识别、脆弱性识别，以及已有安全措施确认后，将采用适当的方法与工具确定威胁利用脆弱性导致安全事件发生的可能性。综合安全事件所作用的资产价值及脆弱性的严重程度，判断安全事件造成的损失对组织的影响，即安全风险。风险分析原理如图2-2所示，具体分析步骤如下：

第一步：识别和分析系统中信息资产、威胁、资产的脆弱性这三个要素，对其进行分类并赋值。赋值是一般采用五级制，其中等级最小的为1，最大的为5。信息资产、威胁和脆弱性都是采用这种赋值方法。对风险影响越大的赋值越大。

第二步：计算风险发生的可能性以及风险可能造成的损失。风险发生的可能性与威胁出现的频率和脆弱性严重程度有关，风险造成的损失与资产价值和脆弱性的严重程度有关。

第三步：计算风险值。风险值是关于风险发生的可能性和风险可能造成的损失的函数。

风险值计算的原理是：

$$风险值 = R(A, T, V) = R(L(T, V), F(la, Va)) \qquad (2-1)$$

其中，R 表示安全风险计算函数；A 表示资产；T 表示威胁；V 表示脆弱性；la 表示安全事件所作用的资产价值；Va 表示脆弱性严重程度；L 表示威胁利用资产的脆弱性导致安全事件的可能性；F 表示安全事件发生后造成的损失。

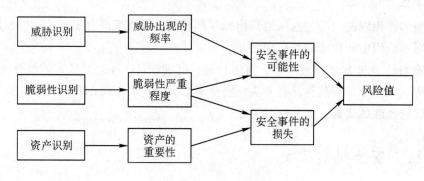

图2-2 风险分析原理

2. 常见风险分析方式

1）脆弱性识别与风险分析（忽略业务处理能力的安全扫描类评估方法）

由于威胁是信息系统之外的因素，在风险分析的初期，大家关心的是脆弱性（如软件漏洞）。为此，将 A 和 T 固定，利用各种方式挖掘、分析和确定系统（操作系统软件、设备等）的脆弱性，并根据成功利用脆弱性后所能获得的系统控制权设定脆弱性的级别（是相对值），于是，脆弱性的赋值也就被当做"风险值"。众多的系统扫描工具以及直接利用扫描结果作为风险分析结果的方法，正是对此种风险计算原理的实践。

这样的方法在实践中有着快速、简洁的优点。但其缺点也很明显，未考虑系统"资产赋值"上的差异，导致风险分析结果不能深入体现拥有相同系统设备和不同业务应用的信息系统之间的风险值的差别。这样的方法适合于小范围、业务重要性差别不大的信息系统风险分析，或者是部件（如单独的产品或设备）脆弱性发掘中。

当然，也可固定其他自变量，分别单独研究资产、威胁的赋值情况，并将其当做风险值。

2) 风险三要素关系模拟方法(考虑资产价值)——即《信息安全风险分析规范》(GB/T 20984 - 2007)的方法

风险分析需求和研究与实践的发展要求对公式做深入的处理,《规范》提供了借鉴方法,该方法的特点如下:

(1) 任意选择 A、V、T 中的一个自变量,然后分别固定其他两个自变量,为所选择的自变量赋值(相对值)。

(2) 根据攻防的特点,考虑自变量间的两两组合,包括 $\langle V, T \rangle$ 和 $\langle A, V \rangle$,前者表示威胁对脆弱性的利用,后者表示资产 A 上所寄生的脆弱性可能对资产造成的损害。两对组合中变量间的相互影响关系用查表法来定义,大致呈正比关系,$\langle V, T \rangle$ 查表得到的是风险的可能性,$\langle A, V \rangle$ 查表得到的是影响值。

(3) 进一步建立"可能性"和"影响值"间的影响关系,可以将二者合二为一,得到"风险度"。

(4) 所有值均是相对值,《规范》方法严格意义上仍然是一种定性方法。

理论上,这种方法比扫描方法有进步,综合考虑了风险三要素的变化,但缺点亦很明显,基本不考虑资产的结构,如业务流程结构、威胁利用脆弱性的实际路线等,几乎将信息系统当做一个结构简单的"质点"来看待,通常适用于小范围、业务重要性差别不大的信息系统风险分析,或者是重要性和构成均衡的信息系统的风险分析。

3) 安全态势和基于图的威胁分析方法(考虑资产的网络拓扑结构)

在较大范围的信息系统,或者构成差异极大的信息系统中,需要在研究信息系统结构的基础上给出更为精确的判断结果,这样的方法通常可归入到"安全态势和基于图的威胁分析方法"的方法之列,具有特点如下:

(1) 重点关注网络拓扑结构,不太重视业务流程结构(基本可认为是固定的)。

(2) 在实际网络拓扑结构的路线上,用基于树(故障树、图论)的方法分析威胁对脆弱性的利用关系,分析和展示威胁发生的实际过程。

(3) 考虑了脆弱性间的关联关系,包括同一个节点内部脆弱性间的关系和威胁路线上相邻节点间的脆弱性关系。

(4) 威胁和脆弱性的分析可以是实时和动态的,但需要对大量数据实时分析,一般需要采用数据挖掘方法。

该类方法对攻击技术、节点内部结构、网络拓扑结构研究很深入,适用于评价大范围系统的攻防状态判断,缺点是对业务流程结构研究不够多,很难精确反映威胁的动态变化对业务处理能力的影响,其结果是不完善的"风险值"。

4) 基于业务流程分析的方法(考虑业务流程结构及其运行状况)

上述 1)～3)中包含的方法分别对脆弱性、资产赋值、节点内的脆弱性关联关系、网络拓扑结构、威胁与脆弱性关系等做出了或深入或粗略的研究,简言之,是对资产的低层结构及威胁与这些结构间的关系做出了大量的研究,但对资产的高层结构——业务流程研究尚不够深入,由此带来的问题包括:

(1) 风险缺乏深入的、实用的标度,该标度应与业务处理能力的评价要求一致。标度首先指绝对值,然后才是基于绝对值上的相对值。

(2) 风险分析结果对业务管理层的决策没有什么实际意义,因为该结果不能精确反映业务流程运行状态的变化和业务处理能力的变化。

（3）风险值是静态的，不能体现业务处理能力随威胁和脆弱性的变化而变化的情况。只有深入分析业务流程活动状态变化，所计算的风险值才是动态变化的。

2.4.6　风险处置

所谓风险处置就是依据风险分析的结果，结合组织现有的安全控制措施和国家相关的法律、法规，总结当前的安全需求。根据安全需求的轻重缓急以及相关行业、企业标准制定出适合的风险处置方案。

在风险处置之前，组织需要制定一个可接受风险的规则。例如，级别较低而处置成本较高的风险，由于投入和收益不合适，对组织而言此类风险可视为可接受风险。对风险分析所识别出的每一个风险都做出风险处置决定，并记录备案。因为风险是客观存在的，想要完全消除风险是不现实的，也不可能。必须在安全措施和成本之间进行权衡找到一个平衡点，将风险控制在能接受的水平，使得负面影响降到最低。风险处置是一种系统化方法，可通过多种方式实现：

（1）风险转移：使用相关措施来弥补或减小损失，以达到转移风险的目的，如设备托管、购买保险等。

（2）风险规避：通过对风险原因或后果的消除来规避风险，如删除系统某个功能模块或关闭系统。

（3）风险接受：接受潜在的风险并继续运行信息系统，不对风险进行处理。

（4）风险降低：通过相关安全措施的实现去降低风险，将威胁利用资产脆弱性造成的影响或不利后果降到最低，比如使用入侵检测防御系统、安全管理平台等安全产品。

风险处置并不能解决所有的安全风险，对那些可能对企业造成严重威胁的风险进行优先级的排序，优先解决严重、紧急的风险。同时，不同企业的文化和使命各不相同，企业特定的环境和目标也不相同，风险的处理方式和安全处理措施也不相同。

第 3 章　信息风险相关技术标准和工具

3.1　信息风险相关技术标准

随着信息技术的快速发展，信息技术的应用日益渗透到政府、企业、团体、军队、家庭、个人等社会和经济的各个角落，并日益深刻地改变着人们传统的工作模式、商业模式、管理模式和生活模式。伴随着信息技术的快速发展和全面应用，信息安全的重要性也日益凸显出来。IT 产品和系统拥有的信息资产是能使组织完成其任务的关键资源。因此，人们要求 IT 产品和系统具备充分的安全性来保护 IT 产品和系统内信息资产的保密性、完整性和可用性。

随着技术的飞速发展、社会分工的进一步细化，加剧了组织与顾客之间的信息不对称。许多 IT 用户缺乏判断其 IT 产品和系统的安全性是否恰当的知识、经验和资源，他们并不希望仅仅依赖开发者的声明。用户可借助对 IT 产品和系统的安全分析（即安全评估）来增加他们对其安全措施的信心。由此产生了对于 IT 产品和系统的安全性评估准则的需求。以下对常见的几种风险评估标准进行介绍。

3.1.1　BS 7799/ISO 17799/ISO 27002

BS7799 标准是由英国标准协会（BIS）制定的信息安全管理标准，全名是 BS7799 Code of Practice for Information Security，是目前国际上具有代表性的信息安全管理体系标准，其发展过程及简要内容如图 3-1 和图 3-2 所示。标准包括两部分：BS7799-1:1999《信息安全管理实施细则》和 BS7799-2:1999《信息安全管理体系规范》。

2000 年 12 月 1 日，国际标准化组织（ISO）将 BS7799-1:1999 修改为国际标准，编号为 ISO/IEC 17799-1《信息安全管理实施细则》。该标准被信息界喻为"滴水不漏的信息安全管理标准"。2005 年 6 月，ISO/IEC17799-1《信息安全管理实施细则》再次修改，成为新的国际标准，即 ISO17799:2005 —信息技术—安全技术—信息安全管理体系实施细则。

2007 年时被重新编号为 ISO/IEC 27002 以便与其他 ISO/IEC 27000 系列一致。ISO/IEC 27002 提供了一种最佳实践方式用来初始化、实施以及管理的一套信息安全系统。最新版本为 ISO 27002:2013 信息技术—安全技术—信息安全控制实用规则。不论 ISO/IEC 27001 还是 ISO/IEC 27002 目前都正在更新为 ISO/IEC JTC1/SC27。

ISO/IEC 27001:2013 是一个详细的安全标准。从原本的 11 个控制域调整为 14 个，新增了密码学和供应关系两个控制域，并将原本的通信及操作管理拆分为操作安全和通信安全两个控制域。

译注：
Departmetn of Trade and Industry(英国)贸易与工业部
Code of practice管理实施细则
British Standard英国国家标准
Management System管理体系规范

International Organization of Standardization国际标准化组织
ISM(Information Security Management)信息安全管理
ISMS-Requirements信息安全管理体系要求

图 3-1　BS7799 的发展历程

图 3-2　BS7799 简要内容

3.1.2　ISO/IEC TR 13335

　　ISO/IEC TR 13335 是一个信息安全管理指南，其风险管理模型如图 3-3 所示。这个标准的主要目的就是要给出有效地实施 IT 安全管理的建议和指南。该标准目前分为 5 个部分。

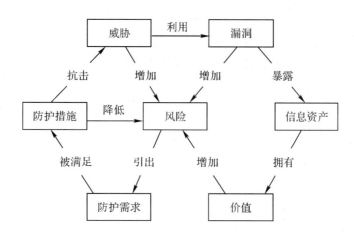

图 3 - 3　ISO13335 提出的风险管理关系模型

第一部分：IT 安全的概念和模型（Concepts and models for IT Security），发布于 1996 年 12 月 15 日。该部分包括了对 IT 安全和安全管理的一些基本概念和模型的介绍。其主要内容包括 IT 安全管理概念；资产、威胁、脆弱点、影响、风险、防护措施、残余风险、限制条件、安全要素之间的关系、风险管理的关系等安全要素；此外还包括风险管理、风险分析、可审计性、监视、安全意识、配置管理、变更管理、业务连续性计划、IT 安全要素、IT 安全管理过程等信息技术安全管理的过程。

第二部分：IT 安全的管理和计划（Managing and planning IT Security），发布于 1997 年 12 月 15 日。这一部分建议性地描述了 IT 安全管理和计划的方式和要点，决定 IT 安全目标战略和策略。其主要内容包括决定组织 IT 安全需求；管理 IT 安全风险；计划适当 IT 安全防护措施的实施；开发安全教育计划；策划跟进的程序，如监控复查和维护安全服务；开发事件处理计划。

第三部分：IT 安全的技术管理（Techniques for the management of IT Security），发布于 1998 年 6 月 15 日。这一部分覆盖了风险管理技术 IT 安全计划的开发以及实施和测试，还包括一些后续的制度审查、事件分析、IT 安全教育程序等。其中提出了 IT 安全目标、战略和公司 IT 安全策略；提供了基线方法、非正式方法、详细风险分析和综合方法来进行公司风险分析。在综合方法里详细阐述了风险分析的步骤，即建立评审边界、识别资产、资产赋值和建立资产之间的依赖关系，进行威胁评估、脆弱点评估，识别已经存在的/计划的防护措施、风险评估等步骤。在安全计划的实施方面阐述了防护措施的实施、安全意识、安全培训、IT 系统的批准等内容。

第四部分：防护的选择（Selection of safeguards），发布于 2000 年 3 月 1 日。这一部分主要探讨如何针对一个组织的特定环境和安全需求来选择防护措施。这些措施不仅仅包括技术措施，还有：首先是对一个系统的基本评估，包括识别 IT 系统类型、识别物理/环境条件、评估已存在/计划的防护措施；在组织和物理的防护层面提出了 IT 安全管理和策略、安全符合性检查、事故处置、人员、操作性问题、业务中断计划、物理安全等措施；在 IT 系统特有的防护层面提出识别和鉴定、逻辑访问控制和审计、防范恶意代码、网络管理、加密等防护措施。

第五部分：网络安全管理指南（Management guidance on network security），发布于2001年。这一部分阐述了三个简单的准则以保证负责 IT 安全的人员来识别潜在的防护措施领域，包括：① 网络连接的不同类型；② 不同的网络特性和相互的信任关系；③ 与网络连接有关的潜在安全风险的类型（以及使用通过这些链接提供的服务）。

3.1.3 OCTAVE 2.0

OCTAVE 是由总部位于卡内基梅隆大学软件工程研究所的美国应急响应小组协调中心开发的基于风险自上而下实施的信息安全评估规范。其核心是基于组织关键信息资产面临的风险，由组织内部人员管理和指导的自主型风险评估。它是一种组合评估途径，先对组织范围内的信息资产进行极限评估，再对"关键资产"进行详细评估。它强调了管理因素，即风险评估要同时从组织层面（较高抽象层次）和技术层面（较低抽象层次）来进行。OCTAVE 包括准则（Criterion）和方法（Method）两部分。

OCTAVE 准则（Criterion）是 OCTAVE 的核心内容。规定了 OCTAVE 风险评估的三个阶段（表 3-1）和 OCTAVE 风险评估的原则（Principle）、属性（Attribute）、输出（Output）。

表 3-1　OCTAVE 方法的评估过程与输出

评估过程		输　出
第一阶段	产生组织机构数据的输出	信息系统的资产列表 关键资产的安全需求列表 关键资产的威胁列表 现有安全措施的列表
第二阶段	产生技术数据的输出	当前组织机构及其系统管理方面的脆弱点 输出组织机构的关键组件列表 现有技术上的脆弱性
第三阶段	产生风险分析和降低数据的输出	输出关键资产的风险报告 确定风险大小 制定保护策略 降低风险的计划

OCTAVE 评估的三个阶段如下：

阶段 1：建立基于资产的威胁文件（Build Asset-Based Threat Profiles）。这一阶段包括：

（1）在组织管理层面上识别风险；

（2）确定哪些信息相关的资产对组织来说是重要的；

（3）目前对这些重要资产做了哪些保护措施；

（4）评估组挑选哪些对组织来说最为重要的资产，并描述针对它们的安全需要；

（5）最后确定这些重要资产所面临的威胁，并确定组织基于资产的威胁文件。

阶段 2：识别基础设施脆弱性（Identify Infrastructure Vulnerabilities）。这一阶段将从技术层面识别关键资产的脆弱性。实际上是对与该资产相对应的信息系统组件的脆弱性分析。包括：

（1）确定各个重要资产相关的信息技术组件；

（2）确定每一个这样的组件的抗攻击的能力。

阶段 3：制定安全战略和（风险控制）计划（Develop Security Strategy and Plans）。这一阶段包括：

（1）确定出每个重要信息资产所面临的风险；

（2）决定能够对这些风险做些什么；

（3）制定出组织保护策略和风险消减计划以降低组织重要信息资产的风险。

3.1.4　CC/ISO 15408/GB/T 18336

在整个安全性评估准则的发展历程中，有三个非常重要的里程碑式的标准：TCSEC、ITSEC 和 CC 标准。CC 是通用准则的英文缩写。1996 年六国七方签署了《信息技术安全评估通用准则》即 CC1.0。1998 年美国、英国、加拿大、法国和德国共同签署了书面认可协议。后来这一标准称为 CC 标准，即 CC2.0。CC2.0 版于 1999 年成为国际标准 ISO/IEC 15408，我国于 2001 年等同采用为 GB/T 18336。

目前 ISO/IEC 15408 最新版为 ISO/IEC 15408.1 — 2009、ISO/IEC 15408.2 — 2008、ISO/IEC 15408.3 — 2008，我国于 2015 年分别采用为 GB/T 18336.1 — 2015、GB/T 18336.2 — 2015、GB/T 18336.3 — 2015。

GB/T 18336.1 — 2015 全称为信息技术—安全技术—信息技术安全评估准则—第 1 部分：简介和一般模型。GB/T18336 建立了 IT 安全评估的一般概念和原则，详细描述了 ISO/IEC15408 各部分给出的一般评估模型，该模型整体上可作为评估 IT 产品安全属性的基础。本部分给出了 ISO/IEC15408 的总体概述。其中描述了 ISO/IEC15408 的各部分内容；定义了在 ISO/IEC15048 各部分将使用的术语及缩略语；建立了关于评估对象（TOE）的核心概念；论述了评估背景，并描述了评估准则针对的读者对象。此外，还介绍了 IT 产品评估所需的基本安全概念。本部分定义了裁剪 ISO/IEC15408 - 2 和 ISO/IEC15408 - 3 描述的功能和保障组件时可用的各种操作。本部分还详细说明了保护轮廓（PP）、安全要求包和符合性这些关键概念，并描述了评估产生的结果和评估结论。ISO/IEC15408 部分给出了规范安全目标（ST）的指导方针并描述了贯穿整个模型的组件组织方法。关于评估方法的一般信息以及评估体制的范围在 IT 安全评估方法论中给出。

GB/T 18336.2 — 2015 全称为信息技术—安全技术—信息技术安全评估准则—第 2 部分：安全功能组件。为了安全评估的意图，GB/T 18336 的本部分定义了安全功能组件所需要的结构和内容，本部分包含一个安全组件的分类目录，将满足许多 IT 产品的通用安全功能要求。其中，描述了本部分安全功能要求中所使用的范型；包含了规约一个评估对象的安全功能要求；定义了 ISO/IEC 15408 功能要求的内容和形式，提供了组织方法，以便对 ST 中添加的新组件的安全功能进行描述；对众多功能类进行了详细描述。附录为功能组件的潜在用户提供了解释性信息，其中包括功能组件间依赖关系的完整的交叉引用表，也提供了功能类的解释性信息。

GB/T 18336.3 — 2015 全称为信息技术—安全技术—信息技术安全评估准则—第3部分：安全保障组件。本部分定义的安全保障组件是在保护轮廓(PP)或安全目标(ST)中描述安全保障要求的基础。这些要求建立了一种描述评估对象(TOE)保障要求的标准方法。本部分列出了一组保障组件、族和类，还定义了评估 PP 和 ST 的准则，定义了评估保障级别(EAL)来描述 ISO/IEC 15408 中预定义的用于评定 TOE 保障要求满足情况的尺度。本部分的读者对象主要包括安全 IT 产品的消费者、开发者和评估者。

3.1.5 等级保护

信息安全等级保护是对信息和信息载体按照重要性等级分级别进行保护的一种工作，是在中国、美国等很多国家都存在的一种信息安全领域的工作。在中国，信息安全等级保护广义上为涉及该工作的标准、产品、系统、信息等依据等级保护思想的安全工作。其工作划分如图 3-4 所示。

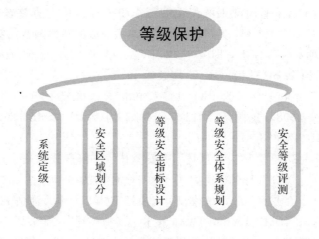

图 3-4 等级保护工作划分

信息安全等级保护工作包括定级、备案、安全建设和整改、信息安全等级测评、信息安全检查五个阶段。信息系统安全等级测评是验证信息系统是否满足相应安全保护等级的评估过程。信息安全等级保护要求不同安全等级的信息系统应具有不同的安全保护能力，一方面通过在安全技术和安全管理上选用与安全等级相适应的安全控制来实现；另一方面分布在信息系统中的安全技术和安全管理上不同的安全控制，通过连接、交互、依赖、协调、协同等相互关联关系，共同作用于信息系统的安全功能，使信息系统的整体安全功能与信息系统的结构以及安全控制间、层面间和区域间的相互关联关系密切相关。因此，信息系统安全等级测评在安全控制测评的基础上，还要包括系统整体测评。

根据计算机信息系统安全保护等级划分准则(GB 17859 — 1999)将信息系统安全保护分为五个等级，如图 3-5 所示。

第一级：用户自主保护级。本级的计算机信息系统可信计算基通过隔离用户与数据，使用户具备自主安全保护的能力。它具有多种形式的控制能力对用户实施访问控制，即为用户提供可行的手段保护用户和用户信息，避免其他用户对数据的非法读写与破坏。

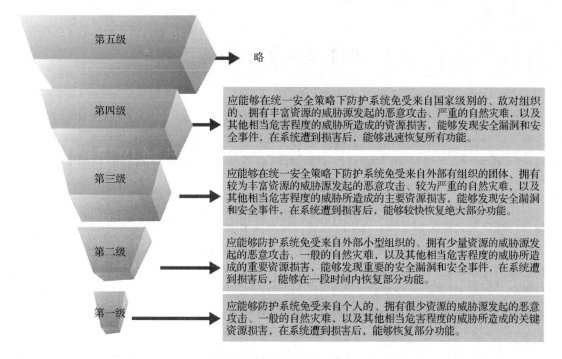

图 3-5　信息系统安全保护能力

第二级：系统审计保护级。与用户自主保护级相比，本级的计算机信息系统可信计算基实施了粒度更细的自主访问控制。它通过登录规程、审计安全性相关事件和隔离资源，使用户对自己的行为负责。

第三级：安全标记保护级。本级的计算机信息系统可信计算基具有系统审计保护级的所有功能。此外还需提供有关安全策略模型、数据标记以及主体对客体强制访问控制的非形式化描述具有准确的标记输出信息的能力，消除通过测试发现的任何错误。

第四级：机构化保护级。本级的计算机信息系统可信计算基建立于一个明确定义的形式安全策略模型之上。要求将第三级系统中的自主和强制访问控制扩展到所有主体与客体。此外，还要考虑隐蔽通道。本级的计算机信息系统可信计算基必须结构化为关键保护元素和非关键保护元素。计算机信息系统可信计算基的接口也必须明确定义，使其设计与实现能经受更充分的测试和更完整的复审。加强了鉴别机制，支持系统管理员和操作员的职能，提供可信设施管理，增强了配置管理控制。系统具有相当高的抗渗透能力。

第五级：访问验证保护级。本级的计算机信息系统可信计算基满足访问控制器需求，访问监控器仲裁主体对客体的全部访问。访问监控器本身是抗篡改的，必须足够小，能够分析和测试。为了满足访问监控器的需求，计算机信息系统可信计算基在其构造时，排除那些对实施安全策略来说并非必要的代码。在设计和实现时，从系统工程角度将其复杂性降低到最低程度。系统支持安全管理员的职能扩充审计机制，当发生与安全相关的事件时发出信号，提供系统恢复机制。系统具有很高的抗渗透能力。

3.2 信息安全风险评估工具

信息安全风险评估工具是信息安全风险评估的辅助手段，是保证风险评估结果可信度的一个重要因素。信息安全风险评估工具的使用不但在一定程度上解决了手动评估的局限性，最主要的是它能够将专家知识进行集中，使专家的经验能够被广泛地应用。

用户通过使用工具，可以委托专家完成对系统的资产、威胁、脆弱点以及已有控制措施进行确认等风险识别工作；对相应已识别的风险要素进行风险分析和对相对组织风险态势进行确认，给出组织风险轮廓和相应的风险控制措施建议；将评估完成后系统的完整评估结果与相关建议结论以风险报表、报告等形式输出。

3.2.1 风险评估与管理工具

风险评估与管理工具根据信息所面临的威胁的不同分布进行全面考虑，主要从安全管理方面入手，评估信息资产所面临的威胁。这种风险评估工具通常建立在一定的算法之上，由关键信息资产、资产所面临的威胁以及威胁所利用的脆弱点来确定风险等级。也有通过建立专家系统，利用专家经验进行风险分析，给出专家结论，这种评估工具需要不断进行知识库的扩充，以适应不同的需要。

风险评估与管理工具实现了风险评估全过程的具体实施和管理，包括：被评估信息系统基本信息获取、资产信息获取、脆弱性识别与管理、威胁识别、风险计算、评估过程与评估结果管理等功能。评估的方式可以通过问卷的方式，也可以通过结构化的推理过程，建立模型，输入相关信息，得出评估结论。通常这类工具在对风险进行评估后都会有针对性地提出风险控制措施。

风险评估与管理工具主要分为三类：

1）基于信息安全标准的风险评估与管理工具

依据国家标准或指南的内容，开发相应风险评估工具，完成遵循标准或指南的风险评估过程。

2）基于知识的风险评估与管理工具

基于知识的风险评估与管理工具是将各种风险分析方法进行综合，并结合实践经验，形成风险评估知识库，以此为基础完成风险评估。

3）基于模型的风险评估与管理工具

基于模型的风险评估与管理工具是在对系统各组成部分、安全要素充分研究的基础上，对典型系统的资产、威胁、脆弱性建立量化或半量化的模型，根据对所采集信息的处理，得到评价的结果。

表 3 - 2　常见风险评估与管理工具的比较

工具名称	国家/组织	标准	定性/定量算法	数据采集形式	对使用人员的要求	结果输出形式
MBSA	美国/微软		定性		不需要有风险评估的专业知识	系统安全扫描分析报告
COBRA	英国/C&A系统安全公司	ISO 17799	定性/定量结合	调查问卷	不需要有风险评估的专业知识	结果报告、风险等级、控制措施
CRAMM	英国/CCTA	BS 7799	定性/定量结合	过程	依靠评估人员的知识	风险等级、控制措施
ASSET	美国/NIST	NIST SP 800 - 26	定性/定量结合	调查问卷	不需要有风险评估的专业知识	提供控制目标和建议
RiskWatch	美国/RiskWatch 公司	综合各类相关标准	定性/定量结合	调查问卷	不需要有风险评估的专业知识	风险分析综合报告
@RISK	美国/Palisade	ISO 17799/BS 7799	定量	调查问卷	不需要有风险评估的专业知识	决策支持信息
CC	美国/NIAP	CC	定性	调查问卷	不需要有风险评估的专业知识	评估报告
CORA	国际信息安全公司		定量	调查问卷	不需要有风险评估的专业知识	决策支持信息
MSAT	美国/微软	ISO 17799/NIST - 800X 等	定性/定量	调查问卷	不需要有风险评估的专业知识	安全风险管理措施和意见
RiskPAC	美国/CSCI公司		定性/定量	调查问卷	不需要有风险评估的专业知识	风险分析综合报告

　　常见风险评估与管理工具的比较如表 3 - 2 所示。本节选择 MBSA 和 MSAT 作为重点进行介绍。操作系统是各种信息系统的核心，它自身的安全是影响整个信息系统安全的核心因素。作为 Microsoft 战略技术保护计划（Strategic Technology Protection Program）的一部分，并为了直接满足用户对于可识别安全方面的常见配置错误的简便方法的需求，Microsoft 开发了 Microsoft 基准安全分析器 MBSA（Microsoft Baseline Security Analyzer）可对 Windows 系列操作系统进行基线风险评估。

1. MBSA

MBSA 可对本机或者网络上的 Windows NT/2000/XP 的系统进行安全监测，还可以监测其他的一些微软产品，能检测出是否缺少安全更新，并及时通过推荐的安全更新进行修补。

相对于其他安全评估产品，MBSA 的优势在于其全面的系统安全扫描分析报告。在 MBSA 的扫描分析报告中，包括扫描结果、结果的详细说明、解决方案等多项内容，尤其在扫描结果的详细说明中指明了：系统缺少哪些 Hotfix(Windows 中可及时修改的补丁)，这个 Hotfix 是做什么的，能解决什么问题，并且还提供了 Hotfix 下载安装的超链接。如果决定安装这个 Hotfix，可以直接单击链接，进行快速下载。由于和微软网站进行了资料共享，所提供的解决方案更全面、详细。

以下通过运行 MBSA 的截图来阐述 MBSA 工具的风险评估过程。

(1) 运行 MBSA 时，会出现以下主界面(如图 3-6)，主程序中有三大功能：

① Scan a computer：使用计算机名称或者 IP 地址来检测单台计算机，适用于检测本机或者网络中的单台计算机。

② Scan multiple computers：使用域名或者 IP 地址检测多台计算机。

③ View existing security scan reports：查看已检测过的安全报告。

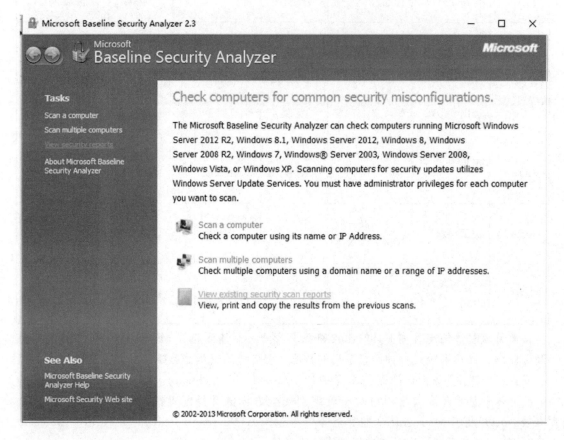

图 3-6　MBSA 主界面

(2) 我们选择单机扫描 MBSA 选项来具体介绍该工具的使用。当我们点击"Scan a

computer"时，会出现一个扫描设置的窗口（如图 3 - 7）。下面我们来逐一分析每一项的意思。

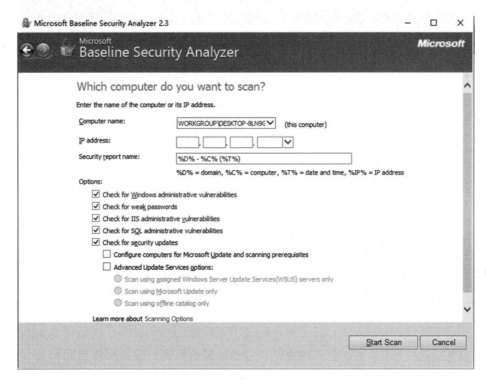

图 3 - 7 扫描设置

"Computer name"和"IP address"：如果仅仅是针对本机就不用设置"Computer name"和"IP address"，MBSA 会自动获取本机的名称。如果需要扫描网络中的计算机，则需要在"IP address"中输入将要扫描的计算机的 IP 地址。

"Security report name"：MBSA 会自动命名一个安全扫描报告名称，名称格式按照"域名-计算机名称（扫描时间）"进行命名，用户也可以自定义一个名称来保存扫描的安全报告。

下面介绍 Options 中的五个主要选项：

① Check for Windows administrative vulnerabilities：检测 Windows 管理方面的漏洞。

② Check for weak passwords：检测弱口令。

③ Check for IIS administrative vulnerabilities：检测 IIS 管理方面的漏洞。如果计算机提供 Web 服务，则可以选择。

④ Check for SQL administrative vulnerabilities：检测 SQL 程序设置等方面的漏洞，例如检测是否更新了最新补丁，口令设置等。

⑤ Check for security updates：检测安全更新，主要用于检测系统是否安装微软的补丁。

前四项是安全检测选项，可根据实际情况选择，最后一项是到微软网站更新安全策略、安全补丁等最新信息，如果不具备联网环境可以不选择。当一切选择就绪之后，点击"Start Scan"即可开始扫描（如图 3 - 8）。

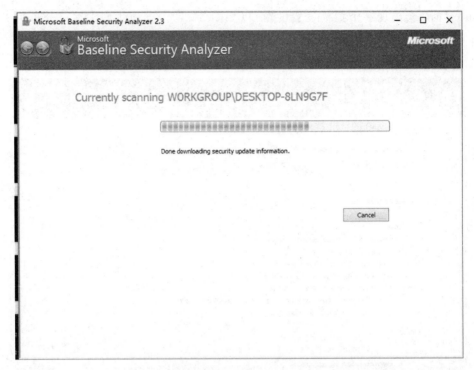

图 3-8 扫描过程中

（3）当扫描结束后，程序会自动跳转到扫描结果的页面。我们可以看到扫描结果的一些详细信息。在 Sort order 选项下，扫描报告结果可以按照"Score（worst first）"、"Issue name"和"Score（best first）"三种方式进行排序显示。在扫描结果中主要有"Security Update Scan Results"（如图 3-9）、"Windows Scan Results"（如图 3-10）、"Internet Information Services（IIS）Scan Results"（如图 3-11）、"SQL Server Scan Results"（如图 3-12）和"Desktop Application Scan Results"（如图 3-13），一共五种。

Security Update Scan Results

Score	Issue	Result
✗	Developer Tools, Runtimes, and Redistributables Security Updates	2 security updates are missing. What was scanned Result details How to correct this
✗	Office Security Updates	4 security updates are missing. 1 service packs are missing. What was scanned Result details How to correct this
✗	Silverlight Security Updates	1 security updates are missing. What was scanned Result details How to correct this
✓	SQL Server Security Updates	No security updates are missing. What was scanned Result details
✓	Windows Security Updates	No security updates are missing. What was scanned Result details

图 3-9 安全升级扫描结果

Windows Scan Results

Administrative Vulnerabilities

Score	Issue	Result
	Automatic Updates	The Automatic Updates feature has not been configured on this computer. Please upgrad What was scanned　　How to correct this
	Local Account Password Test	Some user accounts (4 of 4) have blank or simple passwords, or could not be analyzed. What was scanned　　Result details　　How to correct this
	Incomplete Updates	A previous software update installation was not completed. You must restart your comput restarted. What was scanned　　How to correct this
	Password Expiration	All user accounts (4) have non-expiring passwords. What was scanned　　Result details　　How to correct this
	Windows Firewall	Windows Firewall is enabled and has exceptions configured. Windows Firewall is enabled c What was scanned　　Result details　　How to correct this
	File System	All hard drives (5) are using the NTFS file system. What was scanned　　Result details
	Autologon	Autologon is not configured on this computer. What was scanned
	Guest Account	The Guest account is disabled on this computer. What was scanned
	Restrict Anonymous	Computer is properly restricting anonymous access. What was scanned
	Administrators	No more than 2 Administrators were found on this computer. What was scanned　　Result details

图 3 - 10　系统扫描结果

Internet Information Services (IIS) Scan Results

Score	Issue	Result
	IIS Status	IIS is not running on this computer.

图 3 - 11　IIS 扫描结果

SQL Server Scan Results

Instance (default)

Administrative Vulnerabilities

Score	Issue	Result
!	Service Accounts	SQL Server, SQL Server Agent, MSDE and/or MSDE Agent service accounts should not be membe What was scanned　　Result details　　How to correct this
	SQL Server/MSDE Security Mode	SQL Server and/or MSDE authentication mode is set to SQL Server and/or MSDE and Windows (M What was scanned　　How to correct this
	Registry Permissions	The Everyone group does not have more than Read access to the SQL Server and/or MSDE regis What was scanned
	CmdExec role	CmdExec is restricted to sysadmin only. What was scanned
	Folder Permissions	What was scanned　　Result details
	Sysadmins	Could not perform this check because SQL Server and/or MSDE was not running.
	Sysadmin role members	Could not perform this check because SQL Server and/or MSDE was not running.
	Password Policy	Could not perform this check because SQL Server and/or MSDE was not running.
	SSIS Roles	Could not perform this check because SQL Server and/or MSDE was not running.
	Sysdtslog	Could not perform this check because SQL Server and/or MSDE was not running.
	Guest Account	Could not perform this check because SQL Server and/or MSDE was not running.

图 3 - 12　数据库扫描结果

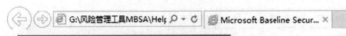

Desktop Application Scan Results

Administrative Vulnerabilities

Score	Issue	Result
✓	IE Zones	Internet Explorer zones have secure settings for all users.
		What was scanned
▭	Macro Security	No supported Microsoft Office products are installed.

图 3-13　应用扫描结果

（4）在每项扫描结果下一般都有三个选项，分别是"What was scanned"、"Result details"和"How to correct this"。

① What was scan：扫描的对象。

② Result details：扫描结果的详细信息。

③ How to correct this：如何纠正存在的安全隐患。

以上三项点击出现的页面如图 3-14、图 3-15、图 3-16 所示。

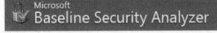

Microsoft Baseline Security Analyzer ——→ 当点击What was scanned

Security Updates, Update Rollups, and Service Packs

Check Description

This check determines which available updates are not installed on the scanned computer. Updates being scanned for security fall into three categories related to the life cycle of a security fix.

Security updates are security-related updates that usually address a specific bug or security vulnerability. All security updates offered during a service pack's lifetime are combined into the subsequent service pack. Each security update identified by this tool has an associated Microsoft security bulletin that contains more information about the fix. The results of this check identify which security updates are missing, and provides a link to the Microsoft Web site to view the details of each security bulletin.

Update rollups are a cumulative set of security fixes. These updates are released periodically, and because they are smaller than full service packs tend to be easier to deploy. Because update rollups are focused on security issues, they also tend to be easier to deploy than multiple security updates. For example, when updating a computer that has been recently installed and may have no security updates protecting it.

Service packs are collections of security and non-security updates that focus on a variety of improvements and fixes for a Microsoft product. Service packs provide fixes for issues that have been reported after the product has become generally available. Service packs are cumulative, meaning that each new service pack will contain all the fixes in previous service packs, plus any new fixes. They are designed to ensure platform compatibility with newly released software and drivers, and contain updates that fix issues discovered by customers or by internal testing.

When your computer is running the latest service packs and the latest update rollups you can minimize the number of additional, individual security updates needed.

Microsoft® Baseline Security Analyzer (MBSA) checks to ensure that you have the latest security updates, update rollups and service packs for all products being serviced by the Microsoft Update site. This includes, but is not limited to the following:

• Microsoft® Windows 2000, Windows XP, Windows Server 2003, Windows Vista, Windows Server 2008, Windows 7, Windows Server 2008 R2, Windows 8, Windows Server 2012, Windows 8.1, Windows Server 2012 R2

• Internet Information Server (IIS) 5.0, 5.1 and IIS 6.0

• SQL Server™ 2000 and 2005 (including Microsoft Data Engine)

• Internet Explorer 5.01 and later

• Windows Media Player 6.4 and later

图 3-14　扫描的对象

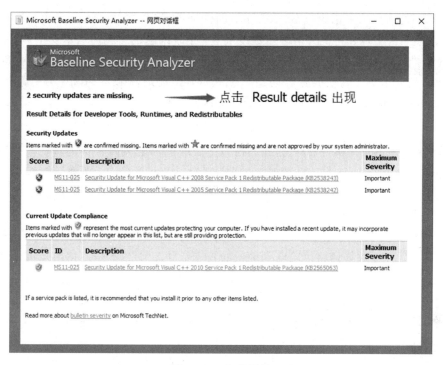

图 3 - 15　扫描详情

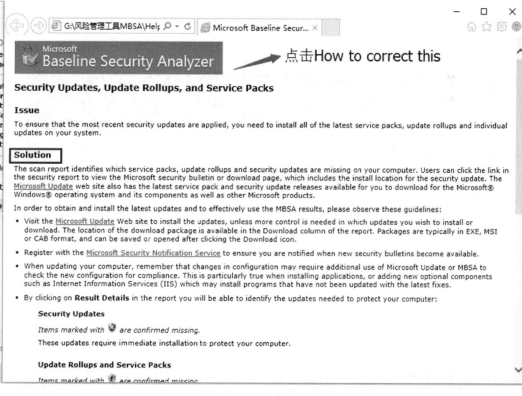

图 3 - 16　纠正的方法

（5）每个检测的项目结果都会有 Score，在下图中均可发现，这些 Score 代表系统不同的危险程度，显然，当出现红色的叉时表示极度危险，出现绿色的对钩时表示安全。

从扫描的结果可以看出，MBSA 对扫描的软件全部进行了可靠的安全评估。微软的 MBSA 是免费工具，可以从微软的官方网站下载获取，当前最新版本为 2.3。下载地址：https://www.microsoft.com/en-us/download/details.aspx? id＝7558。

2. MSAT

MSAT(Microsoft Security Accessment Tool)是微软的一个风险评估工具，与 MBSA 直接扫描和评估系统不同，MSAT 通过填写的详细问卷以及相关信息，处理问卷反馈，评估组织在诸如基础结构、应用程序、操作和人员等领域中的安全实践，然后提出相应的安全风险管理措施和意见。

MSAT 的设计是为了帮助企业来评估当前的 IT 安全环境中所存在的弱点。MSAT 按优先等级列出问题，并提供如何将风险降到最低的具体指导。MSAT 是一种用来巩固计算机安全环境和企业安全的工具，简便而实惠。MSAT 通过快速扫描企业计算机当前的安全状况来启动程序，然后使用 MSAT 来持续监测企业的基础设施应对安全威胁的能力。

MSAT 是免费工具，可以从微软网站下载。下载地址：https://www.microsoft.com/en-us/download/details.aspx? id＝12273

以下通过运行 MSAT 的截图来阐述 MSAT 工具的风险评估过程。

（1）打开 MSAT 工具时，会出现以下界面（如图 3-17），可以看到用户将会填写公司设置的问卷，包括基础信息、基础架构安全、应用程序安全、运作安全、人员安全和环境。只需按照用户公司的情况如实填写即可。

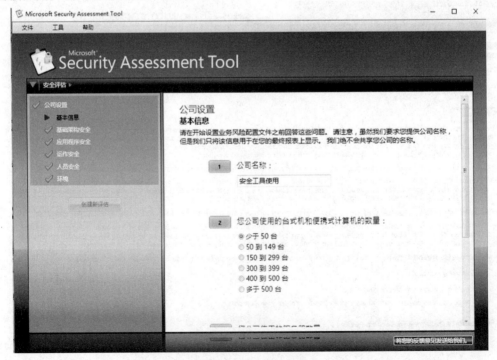

图 3-17　MSAT 主界面

（2）当填写完公司设置后，点击创建新评估，新建管理评估，会再次要求填写问卷（如图 3-18）。我们可以看到用户被要求填写基础架构、应用程序、运作、人员这几大方面的问题。显然，用户也只需要如实填写即可。

图 3-18　填写问卷

（3）当填写完所有问题之后，点击左侧最下方的"报表"即可查看 MSAT 工具为此次问卷问答给出的一个汇总报表（如图 3-19）。在"汇总报表"选项的旁边，可以看到还有"完整的报告"以及"对比报表"的选项。我们先来分析汇总报表的结果含义。在汇总报表中，给了"业务风险配置文件与纵深防御指数汇总报表"，即"风险-防御分布"，以柱状图的形式给出（如图 3-20）。图的纵坐标是分值，最低为 0，最高为 100。图的横坐标是评定的方面，有基础架构、应用程序、运作和人员。每个评定的对象有两种颜色的柱状图，一种代表 BRP，另一种代表 DiDI。BRP（Business Risk Profile）即业务风险配置文件，DiDI（Defense-in-Depth Index）即纵深防御指数。MSAT 工具还会在汇总报表的下方给出解释图表的信息（如图 3-21）。

（4）如果我们想查看 MSAT 给用户公司提供的建议，这时我们应该点击"完整的报告"（如图 3-22）。在完整的报告给出的选项中，我们点击"计分卡"，将会出现对用户公司应对的防御措施的一个评级（如图 3-23）。根据"符合最佳经验"、"需要改进"和"严重缺乏"三个评判等级对用户的答案进行评级。在大概了解了评级之后，用户可点击蓝字部分的"详细评估"，在该报表之下提供了每一个类别的详细评估结果，并提供了最佳经验、建议和参考作为附加信息，并且还会对给出的建议进行优先排序（如图 3-24）。在"计分卡"界面时还有另外一个选项是"建议的行动列表"，该表即是对"详细评估"部分提出的建议进行了优先顺序排列（如图 3-25）。

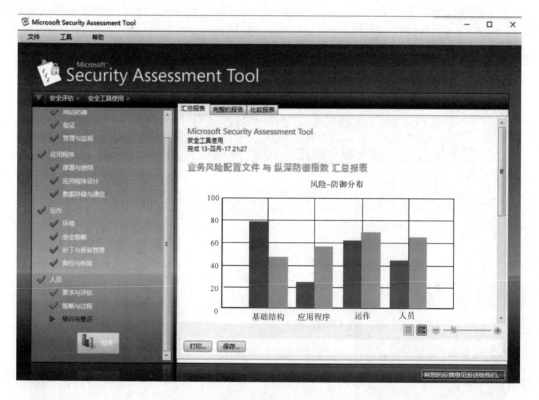

图 3-19　汇总报表

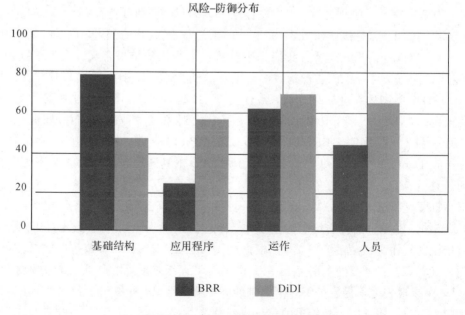

图 3-20　风险-防御分布柱状图

解释图表

- BRP 分数范围从 0 到 100, 其中分数越高意味着该特定分析区域 (AoA) 的潜在业务风险越高。 请务必注意此处的分数不可能为零; 因为业务经营环境及业务经营本身就隐含一定程度的风险。 另外还请务必了解, 业务运营的某些方面没有直接的缓冲战略。

    - **业务风险配置文件 (Business Risk Profile, BRP)**: 一种衡量方法, 用于根据组织所处的业务环境和行业, 衡量组织面临的风险。
    - **AoAs**: 分析领域, 这是基础设施, 应用, 业务, 和人民。

- DiDI 分数范围也是从 0 到 100。 高分数表示已在环境中采取了大量措施, 以便在特定分析区域 (AoA) 部署纵深防御战略。 DiDI 分数并不反映整体安全功效, 甚至也不反映在安全方面花费的资源, 而是反映用于环境防御的整体战略。

    - **纵深防御指数 (Defense-in-Depth Index, DiDI)**: 一种衡量方法, 用于衡量为帮助缓解业务风险而在人员、流程和技术区域采用的安全防御措施。

图 3 - 21　解释图表

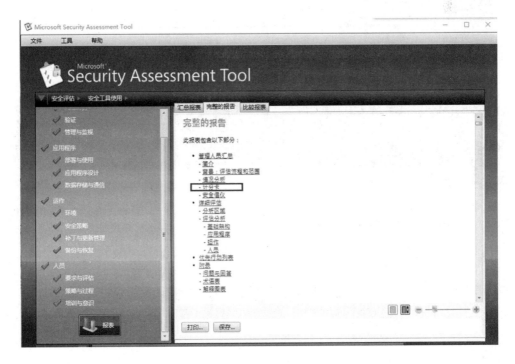

图 3 - 22　完整报告

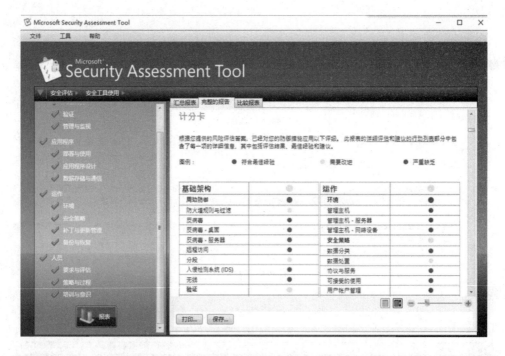

图 3-23　计分卡

图 3-24　评测结果与建议

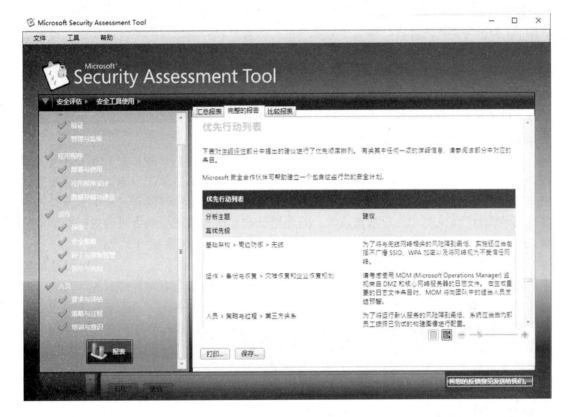

图 3-25　建议排序

根据使用的过程及 MSAT 工具给出的报表来看，MSAT 工具旨在帮助企业识别并消除 IT 环境中的安全风险，此工具采用整体方法来评估企业的安全状况，涉及的主体包括人员、流程和技术。使用 MSAT，企业可以获得几点益处：一是易于使用、全面及持续的安全意识；二是与业界进行比较分析的深层防御架构；三是基线与进程的长期、详细的比较报告；四是用于增强安全性的可靠建议和优先活动。

3.2.2　系统基础平台风险评估工具

系统基础平台风险工具包括脆弱性扫描工具和渗透测试工具。脆弱性扫描工具也称为安全扫描器、漏洞扫描，用于评估网络或主机系统的安全性并且报告系统的脆弱点。这些工具能够扫描网络、服务器、防火墙、路由器和应用程序，发现其中的漏洞。渗透测试工具是根据漏洞扫描工具提供的漏洞，进行模拟黑客测试，判断这些漏洞是否能够被他人利用。渗透测试的目的是检测已发现的漏洞是否真正会给系统或网络环境带来威胁。通常在风险评估的脆弱性识别阶段将脆弱性扫描工具和渗透测试工具一起使用，确定系统漏洞。

脆弱性也称为漏洞（Vulnerability），是系统或保护机制内的弱点或错误，它们使信息暴露在攻击或者破坏之下，如软件包的缺陷、未受保护的系统端口或没有上锁的门等。已验证、归档和公布的漏洞称为公开漏洞。漏洞的种类有很多种，主要包括：硬件漏洞、软件漏洞和网络漏洞。脆弱性扫描工具已经出现好多年了，安全管理员在使用这些工具的同时，黑客们也利用这些工具来发现各种类型的系统和网络的漏洞。漏洞检测的目的在于发现漏洞，修补漏洞，进而从根本上提高信息系统的安全性，减少安全事件的发生。检测漏洞有多种方法：安全扫描、源代码扫描、反汇编扫描和环境错误注入等。

脆弱性扫描的基本原理是采用模拟黑客攻击的方式对目标可能存在的脆弱性进行逐项检测，可以对工作站、服务器、交换机、数据库等各种对象进行脆弱性检测。按照扫描过程来分，扫描技术又可以分为四大类：Ping 扫描技术、端口扫描技术、操作系统探测扫描技术、习惯性及已知脆弱性的扫描技术。

脆弱性扫描技术在保障网络安全方面起到越来越重要的作用。借助于扫描技术，人们可以发现网络和主机存在的对外开放的端口、提供的服务、某些系统信息、错误的配置和已知的安全脆弱性等。系统管理员利用安全扫描技术，可以发现网络和主机中可能会被黑客利用的脆弱性，从而想方设法对这些脆弱性进行修复以加强网络和主机的安全性。但同时，黑客也可以利用安全扫描技术，目的是为了探查网络和主机系统的入侵点。

脆弱性扫描是一种通过收集系统的信息，自动检测远程或本地主机安全脆弱性的程序。安全扫描器采用模拟攻击的形式对目标可能存在的已知安全脆弱性进行逐项检查。安全扫描器根据扫描结果向系统管理员提供周密可靠的安全分析报告，为网络安全提供了重要依据。它不是一个直接的攻击安全程序，而是一个帮助发现目标存在的弱点的程序。安全扫描器能对检测到的数据进行分析，查找目标主机的安全脆弱性并给出相应的建议。

目前对脆弱性扫描工具的研发主要分为以下几种类型：

（1）基于网络的扫描器。在网络中运行，能够检测如防火墙错误配置或连接到网络上的易受攻击的网络服务器的关键漏洞。

（2）基于主机的扫描器。发现主机的操作系统、特殊服务和配置的细节，发现潜在的用户行为风险，如密码强度不够，也可以实施对文件系统的检查。

（3）分布式网络扫描器。由远程扫描代理、对这些代理的即插即用更新机制、中心管理点三部分构成，用于企业级网络的脆弱性评估，分布和位于不同的位置、城市甚至不同的国家。

（4）数据库脆弱性扫描器。对数据库的授权、认证和完整性进行详细的分析、也可以识别数据库系统中潜在的脆弱性。

3.2.3　风险评估辅助工具

信息安全风险评估辅助工具在风险评估过程中不可缺少，主要用于评估中所需要的数据和资料，帮助测试者完成现状分析和趋势分析。如入侵检测系统，帮助检测各种攻击试探和误操作，它可以作为一个警报器，提醒管理员发生的安全状况。同时安全审计工具，安全漏洞库、知识库都是风险评估不可或缺的支持手段。

这三类信息安全风险评估工具的侧重点各有不同，在复杂的风险评估过程中，必须综合运用这三类工具，才能更好地提高信息安全风险评估工具的效率和结果的正确性。

根据对各要素的指标量化以及不同的计算方法，信息安全风险评估工具可分为定性的和定量的风险分析工具；根据风险评估工具体系结构不同，信息安全风险评估工具还包括基于客户机/服务器模式以及单机版的风险评估工具，如 COBRA 就是基于 C/S 模式的，而目前大多数的信息安全风险评估是基于单机版的；另外基于安全因素调查方式的不同，信息安全风险评估工具还包括文件式和过程式。

下面将介绍一些常用的信息安全风险评估辅助工具。

1）调查问卷

风险评估者通过问卷形式对组织信息安全的各个方面进行调查，问卷解答可以进行手工分析，也可以输入自动化评估工具进行分析，从问卷调查中，评估者能够了解到组织的关键业务、关键资产、主要威胁、管理上的缺陷、采用的控制措施和安全策略的执行情况。

2）检查列表

检查列表通常是基于特定标准或基线建立的，对特定系统进行审查的项目条款，通过检查列表，可以快速定位系统目前的安全状况与基线要求之间的差距。

3）人员访谈

风险评估者通过与组织内关键人员的访谈，可以了解到组织的安全意识、业务操作、管理程序等重要信息。

4）入侵检测工具

入侵检测工具通过对计算机网络或计算机系统中若干关键点收集信息并对其进行分析，从中发现网络或系统中是否有违反安全策略的行为和被攻击的迹象。它的主要功能包括：检测并分析用户和系统的活动、识别已知的攻击行为、统计分析异常行为等。在风险评估中，入侵检测系统可以作为异常行为的收集工具，为风险评估提供可能存在的威胁信息。风险评估过程中也可以利用一段时间内入侵系统发现的入侵行为，进行风险预测。

5）安全审计工具

安全审计工具用于记录网络安全行为，分析系统或网络安全现状，包括系统配置、服务检查、操作情况正确与否等内容。它的审计记录可以作为风险评估中的安全现状数据，并可用于判断被评估对象威胁信息的来源。

6）拓扑发现工具

自动完成对网络硬件设备的识别、发现功能，勾画网络的拓扑结构。

7）其他：评估指标库、知识库、漏洞库、算法库、模型库

科学的信息安全风险评估需要大量的实践数据和经验数据的支持，历史数据和技术数据的积累是保证信息安全风险评估科学性和预见性的基础。根据各种评估过程中需要的数据和知识，可以将存储和管理评估支持数据或资料的工具分为：评估指标库、知识库、漏洞库、算法库、模型库等。

第4章 基于层次分析法的信息安全风险评估

本章将重点介绍层次分析法的信息安全风险评估。层次分析法(Analytic Hierarchy Process，AHP)是将与决策总是有关的元素分解成目标、准则、方案等层次，在此基础之上进行定性和定量分析的决策方法。该方法是美国运筹学家匹茨堡大学教授萨蒂于20世纪70年代初，在为美国国防部研究"根据各个工业部门对国家福利的贡献大小而进行电力分配"课题时，应用网络系统理论和多目标综合评价方法提出的一种层次权重决策分析方法。

4.1 层次分析法

4.1.1 AHP概述

本章研究采用层次分析法(AHP)作为风险评估的方法。所谓层次分析法，是指将一个复杂的多目标决策问题作为一个系统，将目标分解为多个目标或准则，进而分解为多指标(或准则、约束)的若干层次，通过定性指标模糊量化方法算出层次单排序(权数)和总排序，以作为目标(多指标)、多方案优化决策的系统方法。AHP要求的递阶层次结构一般由以下三个层次组成：

(1) 目标层(最高层)：指问题的预定目标。

(2) 准则层(中间层)：指影响目标实现的准则。

(3) 措施层(最低层)：指促使目标实现的措施。

4.1.2 AHP流程

层次分析法的基本流程如图4-1所示。

(1) 确定评价目标。首先要明确问题的评价目标，只有对目标明确，才能正确地分解系统。

(2) 建立层次分析模型。将复杂的问题逐级分解，它的基本层有"目标"、"准则"、"指标"三类。

(3) 构造判断矩阵。在指定上层某一元素的条件下，将本层的各元素两两比对。比较

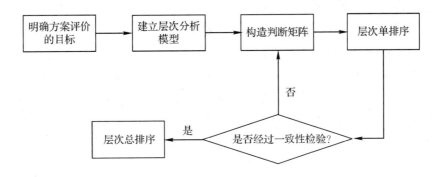

图 4-1　层次分析法基本流程

尺度如表 4-1 所示。

表 4-1　比较尺度

尺　度	含　义
1	与第 j 个因素相比，第 i 个因素的影响与其相同
3	与第 j 个因素相比，第 i 个因素的影响略强
5	与第 j 个因素相比，第 i 个因素的影响强
7	与第 j 个因素相比，第 i 个因素的影响明显强
9	与第 j 个因素相比，第 i 个因素的影响绝对地强

（4）单层次计算并进行安全性判断。计算步骤如图 4-2 所示。

图 4-2　层次单排序

（5）检验判断矩阵一致性。一致性检验指标 CI 为

$$CI = \frac{\lambda - n}{n - 1}$$

n 为判断矩阵维数，λ 为根据判断矩阵所计算出的最大特征值。CI＝0 时，判断矩阵是一致的，CI 值越大，表明判断矩阵越不一致。一致性判断指标 RI 如表 4-2 所示。

表 4-2　一致性指标 RI 的数值

n	1	2	3	4	5	6	7	8	9	10	11
RI	0	0	0.58	0.89	1.12	1.24	1.32	1.41	1.45	1.49	1.51

（6）计算总排序及做一致性判断。总排序是指每一个判断矩阵各因素针对目标层（最上层）的相对权重，以期最终得到科学有效的风险评估结果。这一权重的计算采用从上而下的方法，逐层合成，具体的计算步骤举例将在 4.2.5 节权值整合比较中进行详细介绍。

4.1.3　算例

这里以选择旅游目的地问题进行说明。

目标集合：

$$B = \{B_1, B_2, B_3\} = \{杭州，西宁，桂林\}$$

考量指标集合：

$$A = \{A_1, A_2, A_3, A_4, A_5\} = \{风景，路费，居住环境，饮食，人文\}$$

（1）构建模型。构建该问题的层次分析模型，如图 4-3 所示。

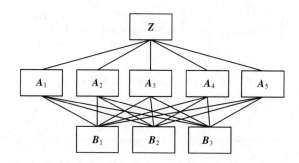

图 4-3 选择旅游目的地问题的层次分析模型

（2）生成两两对比的判断矩阵，具体如下：

$$A = \begin{bmatrix} 1 & \dfrac{1}{2} & 4 & 3 & 3 \\ 2 & 1 & 7 & 5 & 5 \\ \dfrac{1}{4} & \dfrac{1}{7} & 1 & \dfrac{1}{2} & \dfrac{1}{3} \\ \dfrac{1}{3} & \dfrac{1}{5} & 2 & 1 & 1 \\ \dfrac{1}{3} & \dfrac{1}{5} & 3 & 1 & 1 \end{bmatrix} \quad B_1 = \begin{bmatrix} 1 & 2 & 5 \\ \dfrac{1}{2} & 1 & 2 \\ \dfrac{1}{5} & \dfrac{1}{2} & 1 \end{bmatrix}$$

$$B_2 = \begin{bmatrix} 1 & \dfrac{1}{3} & \dfrac{1}{8} \\ 3 & 1 & \dfrac{1}{3} \\ 8 & 3 & 1 \end{bmatrix}, \; B_3 = \begin{bmatrix} 1 & 1 & 3 \\ 1 & 1 & 3 \\ \dfrac{1}{3} & \dfrac{1}{3} & 1 \end{bmatrix}, \; B_4 = \begin{bmatrix} 1 & 3 & 4 \\ \dfrac{1}{3} & 1 & 1 \\ \dfrac{1}{4} & 1 & 1 \end{bmatrix}, \; B_5 = \begin{bmatrix} 1 & 1 & \dfrac{1}{4} \\ 1 & 1 & \dfrac{1}{4} \\ 4 & 4 & 1 \end{bmatrix}$$

（3）检验单层一致性。这里以判断矩阵 B_2 为例，因为 $\lambda_{B_2} = 3.002$，$n = 3$，所以

$$CI = \frac{\lambda - n}{n - 1} = \frac{3.002 - 3}{3 - 1} = 0.001 < 0.1 \tag{4-1}$$

因此判断矩阵 B_2 通过一致性检验。

用上述计算方法检验其他判断矩阵是否满足一致性要求，计算结果如表 4-3 所示。

$$B_2 = \begin{bmatrix} 1 & \dfrac{1}{3} & \dfrac{1}{8} \\ 3 & 1 & \dfrac{1}{3} \\ 8 & 3 & 1 \end{bmatrix} \xrightarrow{\text{列归一化}} \begin{bmatrix} \dfrac{1}{12} & \dfrac{1}{13} & \dfrac{3}{35} \\ \dfrac{1}{4} & \dfrac{3}{13} & \dfrac{8}{35} \\ \dfrac{2}{3} & \dfrac{9}{13} & \dfrac{24}{35} \end{bmatrix} \xrightarrow{\text{行求和}} \begin{bmatrix} 0.246 \\ 0.709 \\ 2.04 \end{bmatrix} \xrightarrow{\text{行归一化}} \begin{bmatrix} 0.082 \\ 0.237 \\ 0.681 \end{bmatrix} \tag{4-2}$$

表 4-3　判断矩阵一致性检验

k	1	2	3	4	5
ω_{k1}	0.595	0.082	0.429	0.633	0.166
ω_{k2}	0.277	0.236	0.429	0.193	0.166
ω_{k3}	0.129	0.682	0.142	0.175	0.668
λ_k	3.005	3.002	3	3.009	3
CI_k	0.003	0.001	0	0.005	0
RI_k	0.58	0.58	0.58	0.58	0.58

经过计算 B 层判断矩阵均符合一致性。同理可以计算矩阵 A 的 $\lambda=5.073$，归一化特征向量 $\omega=(0.263,0.475,0.055,0.099,0.110)$。

$CI=0.018$，$RI=1.12$，$CR=0.016<0.1$，因此矩阵 A 通过一致性检验。

（4）计算目标层总排序，这里以 B_1 为例：

$$B_1=0.595\times0.263+0.082\times0.475+0.429\times0.055+0.633\times0.099+0.166\times0.110=0.3$$
$$(4-3)$$

同理可以计算出 B_2、B_3 的权值，分别为 0.246、0.456。将目标层全向量 $\omega=(0.3,0.246,0.456)$ 乘以特征向量：

$$CR=\frac{0.263\times0.003+0.475\times0.001+0.055\times0+0.099\times0.005+0.100\times0}{0.58}=0.015<0.1$$
$$(4-4)$$

因此矩阵 B_1 通过一致性检验。可以将 $\omega=(0.3,0.246,0.456)$ 作为三个目标的权重，于是得出结论目的地选择为：桂林＞杭州＞西宁。

4.2　基于层次分析法的信息安全风险评估模型案例

进入 21 世纪以来，计算机技术在当今社会高速发展，计算机高效的信息处理能力得到广泛认可，使得各行各业对信息数据的依赖日益加深，导致信息系统及其所承载信息的安全问题日益突出，信息的保密性、完整性、可用性等方面受到的威胁压力越来越大，都会给国家、企业、个人带来很大的负面影响。

近几年来随着 WLAN 在中国乃至全世界的发展和普及，无线网络技术已经渗透到我们生活中的各个领域，其中校园无线局域网的使用更是为在校师生提供了诸多便利。不得不注意到无线网络技术在融入人们生活的同时，也对信息数据有着潜在的威胁，所以对校园无线局域网进行信息安全风险评估显得尤其重要，它直接影响了网络管理者制定切实可行的安全方案和安全使用策略。下面以中国矿业大学（CUMT）校园无线局域网作为信息安全风险评估模型进行研究。

4.2.1　CUMT 校园无线局域网安全分析

CUMT 校园无线局域网信息安全风险评估模型如图 4-4 所示。

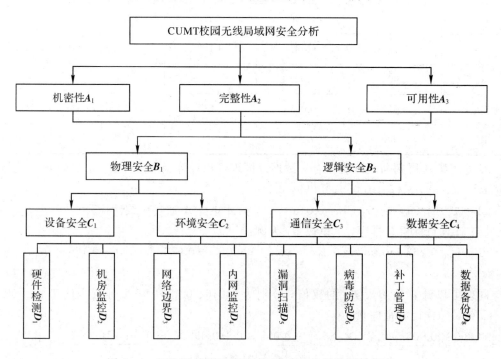

图 4-4　CUMT 校园无线局域网信息安全风险评估模型

4.2.2　构造判断矩阵并赋值

构造判断矩阵的方法是：每一个具有向下隶属关系的元素（被称作准则）作为判断矩阵的第一个元素（位于左上角），隶属于它的各个元素依次排列在其后的第一行和第一列。

其实更重要的是判断矩阵的赋值，赋值的数据首先要保证满足一致性检验，同时主要是通过搜索大量中外文资料论文拿到一些有说服力的数据，再结合权威人士给出的观点。判断矩阵如表 4-4～表 4-9 所示。

表 4-4　总目标层判断矩阵

A	A_1	A_2	A_3
A_1	1	1	1
A_2	1	1	1
A_3	1	1	1

表 4 - 5　子目标层判断矩阵

A_1	B_1	B_2	A_2	B_1	B_2	A_3	B_1	B_2
B_1	1	$\frac{1}{5}$	B_1	1	$\frac{1}{3}$	B_1	1	1
B_2	5	1	B_2	3	1	B_2	1	1

表 4 - 6　子准则层判断矩阵

C_1	D_1	D_2	D_3	D_4	D_5	D_6	D_7	D_8
D_1	1	3	5	7	7	5	7	5
D_2	$\frac{1}{3}$	1	4	6	6	5	7	4
D_3	$\frac{1}{5}$	$\frac{1}{4}$	1	3	4	4	4	3
D_4	$\frac{1}{7}$	$\frac{1}{6}$	$\frac{1}{3}$	1	3	3	3	2
D_5	$\frac{1}{7}$	$\frac{1}{6}$	$\frac{1}{4}$	$\frac{1}{3}$	1	$\frac{1}{3}$	1	$\frac{1}{3}$
D_6	$\frac{1}{5}$	$\frac{1}{5}$	$\frac{1}{4}$	$\frac{1}{3}$	3	1	3	1
D_7	$\frac{1}{7}$	$\frac{1}{7}$	$\frac{1}{4}$	$\frac{1}{3}$	1	$\frac{1}{3}$	1	$\frac{1}{3}$
D_8	$\frac{1}{5}$	$\frac{1}{4}$	$\frac{1}{3}$	$\frac{1}{2}$	3	1	3	1

表 4 - 7　子准则层判断矩阵

C_2	D_1	D_2	D_3	D_4	D_5	D_6	D_7	D_8
D_1	1	$\frac{1}{3}$	4	6	7	4	7	4
D_2	3	1	5	5	7	5	7	5
D_3	$\frac{1}{4}$	$\frac{1}{5}$	1	1	5	3	5	3
D_4	$\frac{1}{6}$	$\frac{1}{5}$	1	1	5	3	5	3
D_5	$\frac{1}{7}$	$\frac{1}{7}$	$\frac{1}{5}$	$\frac{1}{5}$	1	$\frac{1}{3}$	1	$\frac{1}{3}$
D_6	$\frac{1}{4}$	$\frac{1}{5}$	$\frac{1}{3}$	$\frac{1}{3}$	3	1	3	1
D_7	$\frac{1}{7}$	$\frac{1}{7}$	$\frac{1}{5}$	$\frac{1}{5}$	1	$\frac{1}{3}$	1	$\frac{1}{3}$
D_8	$\frac{1}{4}$	$\frac{1}{5}$	$\frac{1}{3}$	$\frac{1}{3}$	3	1	3	1

表4-8　子准则层判断矩阵

C_4	D_1	D_2	D_3	D_4	D_5	D_6	D_7	D_8
D_1	1	3	$\frac{1}{5}$	$\frac{1}{5}$	$\frac{1}{3}$	2	$\frac{1}{6}$	$\frac{1}{6}$
D_2	$\frac{1}{3}$	1	$\frac{1}{7}$	$\frac{1}{4}$	$\frac{1}{5}$	$\frac{1}{2}$	$\frac{1}{7}$	$\frac{1}{6}$
D_3	5	7	1	2	3	5	3	$\frac{1}{3}$
D_4	5	4	$\frac{1}{2}$	1	3	5	3	$\frac{1}{3}$
D_5	3	5	$\frac{1}{3}$	$\frac{1}{3}$	1	2	1	$\frac{1}{5}$
D_6	$\frac{1}{2}$	2	$\frac{1}{5}$	$\frac{1}{5}$	$\frac{1}{2}$	1	$\frac{1}{4}$	$\frac{1}{7}$
D_7	6	7	$\frac{1}{3}$	$\frac{1}{3}$	1	4	1	$\frac{1}{4}$
D_8	6	6	3	3	5	7	4	1

表4-9　子准则层判断矩阵

C_3	D_1	D_2	D_3	D_4	D_5	D_6	D_7	D_8
D_1	1	3	$\frac{1}{3}$	$\frac{1}{4}$	$\frac{1}{7}$	$\frac{1}{6}$	$\frac{1}{5}$	$\frac{1}{4}$
D_2	$\frac{1}{3}$	1	$\frac{1}{3}$	$\frac{1}{4}$	$\frac{1}{6}$	$\frac{1}{6}$	$\frac{1}{5}$	$\frac{1}{3}$
D_3	3	3	1	$\frac{1}{3}$	$\frac{1}{7}$	$\frac{1}{5}$	$\frac{1}{5}$	$\frac{1}{2}$
D_4	4	4	3	1	$\frac{1}{5}$	$\frac{1}{5}$	$\frac{1}{2}$	3
D_5	7	6	7	5	1	2	5	3
D_6	6	6	5	5	$\frac{1}{2}$	1	3	5
D_7	5	5	5	2	$\frac{1}{5}$	$\frac{1}{3}$	1	4
D_8	4	3	2	$\frac{1}{3}$	$\frac{1}{3}$	$\frac{1}{5}$	$\frac{1}{4}$	1

4.2.3　层次单排序(计算权向量)与检验

层次单排序是指每一个判断矩阵各因素针对其准则的相对权重,所以本质上是计算权向量。计算权向量有特征根法、和法、根法、幂法等,这里简要介绍和法。

和法的原理及步骤如下:

对于一致性判断矩阵,每一列归一化后就是相应的权重。对于非一致性判断矩阵,每

一列归一化后近似其相应的权重，在对这 n 个列向量求取算术平均值作为最后的权重。具体的公式如下

$$W_i = \frac{1}{n} \sum_{j=1}^{n} \frac{a_{ij}}{\sum_{k=1}^{n} a_{kl}} \quad \Leftarrow$$

（1）每一列相加求和。

（2）对每一列进行归一处理。　　　　　（4-5）

（3）将处理后矩阵每一行相加求和。

计算出各权值矩阵如下：

$W_A = (0.3333, 0.3333, 0.3333)$，$W_{A_1} = (0.1667, 0.8333)$，$W_{A_2} = (0.2500, 0.7500)$，

$W_{A_3} = (0.5000, 0.5000)$，$W_{B_1} = (0.8333, 0.1667)$，$W_{B_2} = (0.8333, 0.1667)$，

$W_{C_1} = (0.3581, 0.2449, 0.1309, 0.0824, 0.0300, 0.0606, 0.0294, 0.0638)$

$W_{C_2} = (0.2473, 0.3454, 0.1171, 0.1151, 0.0272, 0.0604, 0.0272, 0.0604)$

$W_{C_3} = (0.0360, 0.0269, 0.0513, 0.1004, 0.3216, 0.2448, 0.1452, 0.0738)$

$W_{C_4} = (0.0452, 0.0261, 0.2006, 0.1618, 0.0828, 0.0358, 0.1157, 0.3319)$

4.2.4　计算一致性检验值和最大特征值 λ_{max}

一致性检验计算流程图如图 4-5 所示。

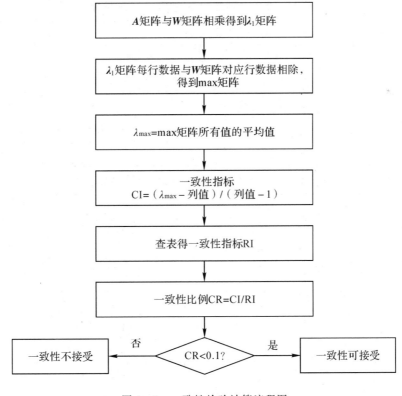

图 4-5　一致性检验计算流程图

4.2.5 权值整合比较

总排序是指每一个判断矩阵各因素针对目标层(最上层)的相对权重。这一权重的计算采用从上而下的方法,逐层合成。很明显,第二层的单排序结果就是总排序结果。假定已经算出第 $k-1$ 层 m 个元素相对于总目标的权重 $w^{(k-1)} = (w_1^{(k-1)}, w_2^{(k-1)}, \cdots, w_m^{(k-1)})^{\mathrm{T}}$,第 k 层 n 个元素对于上一层(第 k 层)第 j 个元素的单排序权重是 $p_j^{(k)} = (p_1^{j(k)}, p_2^{j(k)}, \cdots, p_n^{j(k)})^{\mathrm{T}}$,其中不受 j 支配的元素的权重为零。令 $P(k) = (p_1^{(k)}, p_2^{(k)}, \cdots, p_n^{(k)})$,表示第 k 层元素对第 $k-1$ 层个元素的排序,则第 k 层元素对于总目标的总排序为

$$w^{(k)} = (w_1^{(k)}, w_2^{(k)}, \cdots, w_n^{(k)})^{\mathrm{T}} = p^{(k)} w^{(k-1)} \tag{4-6}$$

同样,也需要对总排序结果进行一致性检验。假定已经算出针对第 $k-1$ 层第 j 个元素为准则的 $\mathrm{CI}_j^{(k)}$、$\mathrm{RI}_j^{(k)}$ 和 $\mathrm{CR}_j^{(k)}$ ($j=1, 2, \cdots, m$),则第 k 层的综合检验指标为

$$\mathrm{CI}_j^{(k)} = (\mathrm{CI}_1^{(k)}, \mathrm{CI}_2^{(k)}, \cdots, \mathrm{CI}_m^{(k)}) w^{(k-1)} \tag{4-7}$$

$$\mathrm{RI}_j^{(k)} = (\mathrm{RI}_1^{(k)}, \mathrm{RI}_2^{(k)}, \cdots, \mathrm{RI}_m^{(k)}) w^{(k-1)} \tag{4-8}$$

当一致性检验 $\mathrm{CR}^{(k)} < 0.1$ 时,认为判断矩阵的整体一致性是可以接受的。所得排序如表 4-10~表 4-12 所示。

表 4-10 准则层针对总目标层总排序

B / C	B_1	B_2	针对准则层总排序
	0.3056	0.6944	
C_1	0.8333	0	0.2547
C_2	0.1667	0	0.0509
C_3	0	0.8333	0.5786
C_4	0	0.1667	0.1156

表 4-11 子准则层针对总目标层总排序

C / D	C_1	C_2	C_3	C_4	针对目标层总排序
	0.2547	0.0509	0.5786	0.1156	
D_1	0.3581	0.2473	0.0360	0.0452	0.1299
D_2	0.2449	0.3454	0.0269	0.0261	0.0985
D_3	0.1309	0.1171	0.0513	0.2006	0.0922
D_4	0.0824	0.1151	0.1004	0.1618	0.1036
D_5	0.0300	0.0272	0.3216	0.0828	0.2047
D_6	0.0606	0.0604	0.2448	0.0358	0.1643
D_7	0.0294	0.0272	0.1452	0.1157	0.1063
D_8	0.0638	0.0604	0.0738	0.3319	0.1004

表 4 – 12　方案层针对总目标层排序

C D	C_1	C_2	C_3	C_4	针对目标层总排序
	0.2547	0.0509	0.5786	0.1156	
D_1	0.3581	0.2473	0.0360	0.0452	0.1299
D_2	0.2449	0.3454	0.0269	0.0261	0.0985
D_3	0.1309	0.1171	0.0513	0.2006	0.0922
D_4	0.0824	0.1151	0.1004	0.1618	0.1036
D_5	0.0300	0.0272	0.3216	0.0828	0.2047
D_6	0.0606	0.0604	0.2448	0.0358	0.1643
D_7	0.0294	0.0272	0.1452	0.1157	0.1063
D_8	0.0638	0.0604	0.0738	0.3319	0.1004

4.2.6　案例实现

本次研究结合了 Matlab 强大的数学算法功能和 GUI 的界面设计功能，来解决数学建模过程中层次分析法的主要问题，有利于阅读者更加直观、高效地理解层次分析法中权值计算和最后的总排序，最终通过表格中的数据进行分析，得出了分析结论，如图 4 – 6～图 4 – 8 所示。

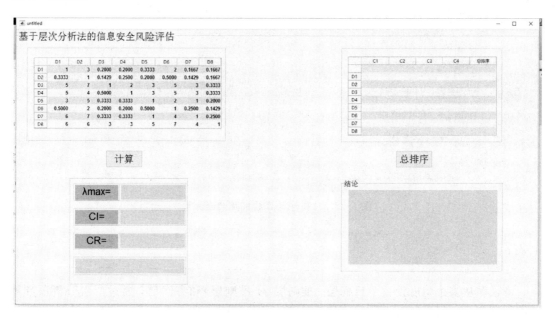

图 4 – 6　GUI 界面显示

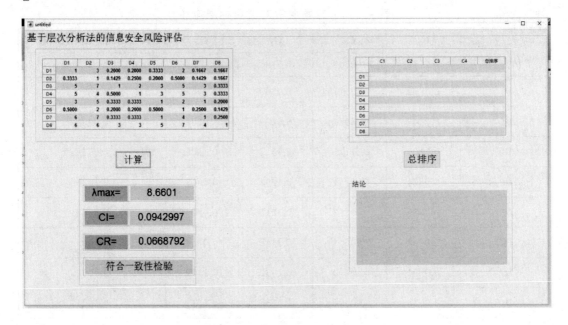

图 4-7　判断矩阵计算结果

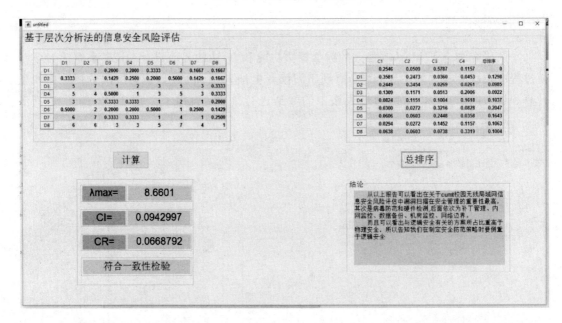

图 4-8　总排序计算结果及结论分析

4.2.7　结　论

本模型从多个角度设置了目标层、准则层（子准则层）和方案层，通过层次分析法计算归纳得到各个方案层针对总目标层的总排序，通过对权值的总排序可以分析出如下结论：

（1）CUMT 校园无线局域网信息安全风险评估中漏洞扫描在评估中的重要性是最高的，其次是病毒防范和硬件检测，后面依次为补丁管理、内网监控、数据备份、机房监控和网络边界。

（2）可以看出在物理安全方面重要性大小依次为硬件检测＞内网监控＞机房监控＞网络边界；在逻辑安全方面重要性大小依次为漏洞扫描＞病毒防范＞补丁管理＞数据备份。

（3）逻辑安全有关方案所占比重高于物理安全，所以在制定安全防范策略时要侧重于逻辑安全。

（4）虽然各个方案所占比重都不相同，但是相互之间的差距都比较小，说明各个方案在安全策略制定中都扮演着重要角色。

4.3　代　码

4.3.1　C＋＋实现计算一致性检验值和最大特征值 λ_{max} 代码

本节根据 4.2.4 节所述，对该节流程图，用 4.2.2 中判断矩阵的值作为输入，利用 C＋＋语言编程实现一致性检验值和最大特征值的计算，其编程代码如下：

```cpp
# include<iostream>
# include<vector>
# include<string>
# include<iomanip>
using namespace std;
/* 一致性指标 RI */
double RI[16] =
{ 0, 0, 0, 0.52,
0.89, 1.12, 1.26,
1.36, 1.41, 146,
1.49, 1.52, 1.54,
1.56, 1.58, 1.59 };
/* * * * * * * * * * * * * * * * * * * * * * * * * * * * * * * * * * * * * */
/* 使用此函数进行数据输入为了方便分数的输入 */
double input()
{
    double p;
    string s;
    cin >> s;
    bool isfenshu = false;
    for (int j = 0; j<s.length(); j++) {
        if (s[j] =='/')
        {
            //提取分子
```

```
            int fenzi = 0;
            for (int k = 0; k<j; k++) {
                fenzi += fenzi * 10 + (s[k] - '0');
            }
            //提取分母
            int fenmu = 0;
            for (int k = j + 1; k<s.length(); k++) {
                fenmu += fenmu * 10 + (s[k] - '0');
            }
            p= (double)fenzi / fenmu;
            isfenshu = true;
            break;
        }
    }
    if (! isfenshu) {
        p=0;
        for (int j = 0; j<s.length(); j++) {
            p += p * 10 + (s[j] - '0');
        }
    }
    return p;
}
int main()
{
    int ju=1;
    while (ju == 1)
    {
        cout << "请输入矩阵的行值和列值" << endl;
        int row, column;
        cin >> row >> column; //输入矩阵的行值和列值
        vector<vector<double>> a(row, vector<double>(column)); //定义初始矩阵 A
        vector<double> a1(column); //A1 矩阵记录 A 矩阵每列的和
        cout << "请输入初始矩阵!" << endl;

/* * * * * * * * * * * * * * * * * * * * * * * * * * * * * * * * * * * * * */
        /* * 输入初始矩阵 * /

        for (int i = 0; i < row; i++)
        {
            for (int j = 0; j < column; j++)
            {
                a[i][j]=input();
            }
```

```
    }


/* * * * * * * * * * * * * * * * * * * * * * * * * * * * * * * * * * * * * */
    /* 将初始矩阵 A 的每列和存放在 A1 矩阵中 */
    for (int j = 0; j < column; j++)
    {
        a1[j] = 0.0; //初始化 A1 矩阵
        for (int i = 0; i < row; i++)
        {
            a1[j] += a[i][j];
        }
    }
    cout << endl << endl;


/* * * * * * * * * * * * * * * * * * * * * * * * * * * * * * * * * * * * * */
    vector<vector<double>>A2(row, vector<double>(column)); //A2 矩阵存放初始矩阵
A 每个数据与对应 A1 中列和的比值
    /* 将初始矩阵 A 的每个数据与对应 A1 列和的比值存放在 A2 矩阵中 */
    for (int i = 0; i < row; i++)
    {
        for (int j = 0; j < column; j++)
        {
            a2[j][i] = a[j][i] / a1[i];
        }
    }


/* * * * * * * * * * * * * * * * * * * * * * * * * * * * * * * * * * * * * */
    vector<double> w(row);    //定义权值矩阵 w，w 矩阵存放的数据是 A2 矩阵每行数据的
                              平均值
    /* 将 A2 矩阵每行数据的平均值存放在权值矩阵 w 中 */
    for (int i = 0; i < row; i++)
    {
        w[i] = 0;
        for (int j = 0; j < column; j++)
        {
            w[i] = w[i] + a2[i][j];
        }
        w[i] = w[i] / column;
    }
    cout << "输出权值矩阵" << endl;
    /* 输出权值矩阵 */
    for (int i = 0; i < column; i++)
    {
```

```cpp
        cout << setprecision(4)<< w[i] << "  ";
    }
    cout << endl;


/* * * * * * * * * * * * * * * * * * * * * * * * * * * * * * * * * * * */
    vector<double> lamida(row);   //这个矩阵是初始矩阵 A 和权值矩阵相乘后得到的矩阵
    vector<double> max(row);   //max 矩阵存放 lamida 矩阵每行数据与权值矩阵 w 对应行
                                 数据相除的结果
    double lamidamax = 0;   //lamidamax 记录 max 矩阵数据的平均值
    cout << "输出 λ 矩阵" << endl;
    for (int i = 0; i < row; i++)
    {
      lamida[i] = 0.0;
      max[i] = 0.0;
      for (int j = 0; j < column; j++)
      {

          lamida[i] = lamida[i] + a[i][j] * w[j];
      }
      cout << setprecision(4) << lamida[i] <<" ";
      max[i] = lamida[i] / w[i];
      lamidamax += max[i];   //将 max 矩阵中的每个数据相加
    }
    cout << endl;
    lamidamax /= column;   //max 矩阵数据相加后求平均值
    cout << endl << "λmax=" << setprecision(4) << lamidamax << endl;


/* * * * * * * * * * * * * * * * * * * * * * * * * * * * * * * * * * * */
    //ci 就是一致性指标;ci=(lamidamax 的值-初始矩阵的行值)/(初始矩阵行值-1)
    double ci = (lamidamax-column) / (column-1);
    cout << "一致性指标 CI=" << setprecision(4) << ci << endl;
    cout << "该矩阵平均随机一致性指标 RI=" << RI[column] << endl;
/* * * * * * * * * * * * * * * * * * * * * * * * * * * * * * * * * * * */
    /* 判断矩阵是否符合一致性要求 */
    if (column < 3) { cout << column << "阶矩阵总是符合一致性要求!" << endl; }
    else
    {
      double CR = ci / RI[column];
      cout << "一致性比例 CR=" << setprecision(4) << CR << endl;
      if (CR < 0.1) { cout << "矩阵符合一致性要求!" << endl; }
      else { cout << "矩阵不符合一致性要求,请重新修正" << endl; }
    }
```

```
/ * * * * * * * * * * * * * * * * * * * * * * * * * * * * * * * /
    cout << "是否继续输入？继续 1，结束 0"<<endl；
    cin >> ju；


}
return 0；}
```

4.3.2　C＋＋实现计算总排序代码

在 4.2.4 中的逻辑判断流程正确和 4.3.1 中程序运行结果满足一致性检验标准的前提下，根据 4.2.5 节中的方法原理进行各层次总排序。并利用 C＋＋语言编程实现总排序的计算，编程代码如下：

```
# include<iostream>
# include<vector>
# include<string>
# include<iomanip>
using namespace std；
int main()
{
  int ju = 1；
  while (ju == 1)
  {
    cout << "请输入矩阵的行值和列值" << endl；
    int row，column；
    cin >> row >> column；  //输入矩阵的行值和列值
    vector<vector<double>> w(row，vector<double>(column))；  //定义权值矩阵 w
    vector<double> a1(row)；
    vector<double> head(column)；//定义头矩阵
    cout << "请输入头矩阵!" << endl；

/ * * * * * * * * * * * * * * * * * * * * * * * * * * * * * * * * * * * * *
* * * * * * * * * * * * * * * * * * * /
    / * 输入头矩阵 * /
    for (int i = 0；i < column；i++) { cin >> head[i]；}
    cout << "请输入权值矩阵!" << endl；
    / * 输入权值矩阵 * /
    for (int i = 0；i < row；i++)
    {
      for (int j = 0；j < column；j++)
      {
        cin >> w[i][j]；
      }
```

```
        }
    cout << endl;
    for (int i = 0; i < row; i++)
    {
        a1[i] = 0;
        for (int j = 0; j < column; j++)
        {
            a1[i] += w[i][j] * head[j];
        }
        cout << setprecision(4)<<a1[i] << endl;
    }
    cout << "是否继续？继续 1，结束 0" << endl;
    cin >> ju;
    }
    return 0;
```

第 5 章　基于网络层次分析法的信息安全风险分析研究

在风险管理过程之中，风险分析(Risk Analysis)是其中最为关键的组成部分。这一章将重点介绍一种综合风险分析法——网络层次分析法。

5.1　网络层次分析法

层次分析法在解决一些半结构化或者无结构化问题时，能够使问题变得简单、容易。它把问题分解成一个个组成元素，使之呈现递阶的层次结构，让问题变得简单明了。层次分析法的主要特征是：构成层次结构的元素之间是相互孤立的，层次之间也是相互孤立的；每一个元素都归属于一个层，并且同一层次的元素不存在支配和从属关系；不相邻的层次之间的元素也不存在支配和从属关系。但是在实际问题之中，元素之间往往存在着一些不可被忽视掉的相互影响关系。对于这些问题再使用 AHP 来处理就不合理了。因此，层次分析法的作者托马斯萨迪在 1996 年正式提出了网络层次分析法(ANP)来解决这些在结构上存在着依赖和反馈关系的问题。网络层次分析法是层次分析法的扩展，网络层次分析法是以层次分析法为理论支撑的，可以将层次分析法比作是网络层次分析法的一个特殊例子。

为了证明网络层次分析法的有效性，托马斯萨迪对美国的汉堡市场占有份额用网络层次分析法进行了决策。这一实验是在没有相关公司的具体参考数据下进行的，整个实验过程凭借的是人的直观判断，最后的结果与实际的数据极其接近。还有很多的实验例子充分证明了网络层次分析法的有效性。

5.1.1　ANP 与 AHP 的特征比较

AHP 与 ANP 面对的都是无结构和半结构的决策问题，面对的都是社会经济系统用数学模型无法进行精确描述的复杂性问题，而这种类型的决策又是决策问题的绝大部分，这是 AHP 与 ANP 的共同点。ANP 的理论支撑是 AHP，是由 AHP 发展而来，逐步形成的理论和方法，可以说 AHP 是 ANP 的一个特例。

AHP 是将复杂的问题分解成各个组成因素，按支配关系聚类形成有序的递阶层次结构，然后按照比例标度经过人们的判断，通过两两比较，先确定各元素相对上一层次各个准则的相对重要性，再通过综合判断，确定相对总目标的各决策要素的重要性排序。AHP

处理的层次结构是元素内部独立的递阶层次结构，任一元素隶属于一个层次；同一层次中任意两个元素之间不存在支配和从属的关系，且层次的内部相互独立；不相邻的两个层次的任两个元素不存在支配关系。

5.1.2 网络层次分析法的网络层次结构

网络层次分析法的网络层次结构图如图 5-1 所示，控制层和网络层组成了典型的网络层次分析法的结构。控制层由决策目标和准则组成，其结构是典型的层次分析法的递阶层次结构。

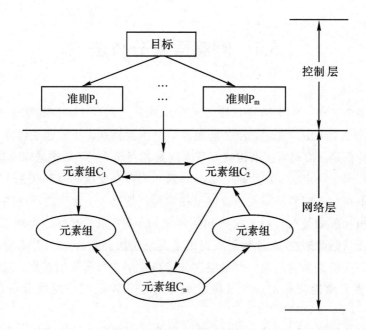

图 5-1 典型的网络层次结构

网络层由受控制层所控制的元素组成，这些元素被按照一定的分类法组成一个个元素组。这些元素组之间以及元素组内的元素之间都存在相互依赖和反馈的关系。元素组之间的关系取决于元素之间的关联性，只要两个元素组之间有一组元素存在相关性，相应的两个元素组之间也对应产生了相关性。

5.1.3 优势度

优势度包括直接优势度和间接优势度。

（1）直接优势度：两个元素基于某个准则进行相对重要性的两两比较，直接优势度适用于元素之间是相对独立的情况。

（2）间接优势度：两个元素基于某个准则对第三个元素（次准则）影响的重要性进行两两比较，间接优势度适用于元素之间存在相互依存的情况。

为了使元素之间两两比较的相对重要性得到量化，在网络层次分析法中引入了 1 至 9 的绝对数值的基本标度，如表 5-1 所示。

表 5-1　衡量尺度

重要性强度	含　　义	重要性强度	含　　义
1	同等重要	6	明显重要和强烈重要之间
2	同等重要和稍微重要之间	7	强烈重要
3	稍微重要	8	非常重要
4	稍微重要和明显重要之间	9	极端重要
5	明显重要		
注：在两两比较矩阵中 $a_{ij} = a_{ji}$			

5.1.4　一致性

在对元素进行两两比较时，由于凭借的是人的主观判断，这就不免会发生一些失误。比如说会出现 a 比 b 重要，b 比 c 重要，c 又比 a 重要的情况，这明显是不成立的。假若一个矩阵偏离一致性较大，那这样矩阵所得出的结果和得出来的结论就是没有说服力的、是无效的。正因为如此，所以在输入判断矩阵之后需要对每一个矩阵进行一致性校验。

一致性校验步骤如下：

（1）计算一致性指标 CI。CI 计算公式如下：

$$CI = \frac{\lambda_{max} - n}{n - 1} \tag{5-1}$$

其中 λ_{max} 为矩阵的最大特征值，n 为矩阵的阶数。

（2）选择随机一致性指标 RI。随机一致性指标 RI 如表 5-2 所示。

表 5-2　一致性指标表

阶数	1	2	3	4	5	6	7	8	9	10
RI	0	0	0.52	0.89	1.12	1.26	1.36	1.41	1.46	1.49

（3）计算一致性比例 CR。CR 计算公式如下：

$$CR = CI/RI \tag{5-2}$$

按目前的统计经验认为，当 CR<0.1 时，认为矩阵具有一致性。当 CR 不满足这个条件时就需要对判断矩阵进行调整，直至满足 CR<0.1。

5.1.5　超矩阵

1. 超矩阵的构建

设 ANP 的控制层中有准则 B_1，B_2，…，B_M。网络层中有元素组 C_1，C_2，…，C_N。C_i

中有元素 e_{i1}，e_{i2}，$\cdots$，e_{in_i}（$i=1$，2，$3\cdots$，N）。元素之间的重要度用间接优势度进行判断得到，首先在控制层选择一个准则，这里我们以 B_1 作为准则。再选择 C_j 中的元素 e_{j1} 为次准则，元素组 C_i 中的元素对次准则的影响进行两两比较。

用特征根法得到排序向量（$W_{i1}^{(j1)}$，$W_{i2}^{(j2)}$，$\cdots$，$W_{in_i}^{(jn_j)}$），同理可得以其他元素为次准则下的排序向量，将所有排序向量用矩阵表示，得 W_{ij} 表示式如式（5-3）所示：

$$W_{ij} = \begin{bmatrix} \omega_{i1}^{(j1)} & \omega_{i1}^{(j2)} & \cdots & \omega_{i1}^{(jn_j)} \\ \omega_{i2}^{(j1)} & \omega_{i2}^{(j2)} & \cdots & \omega_{i2}^{(jn_j)} \\ \vdots & \vdots & & \vdots \\ \omega_{in_i}^{(j1)} & \omega_{in_i}^{(j2)} & \cdots & \omega_{in_i}^{(jn_j)} \end{bmatrix} \tag{5-3}$$

同理，得到其他元素在准则 B_1 下的判断矩阵和排序向量，将这些排序向量组成超矩阵。便得到了所有元素在准则 B_1 下的超矩阵 W。

因为在控制层之中有 N 个准则，故超矩阵就对应着有 N 个。这些超矩阵都是非负的。每个超矩阵的子矩阵 W_{ij} 是归一化的，但是就超矩阵本身而言它不具有归一化的性质。

2. 构建加权超矩阵

这里我们依然选择以 B_1 为准则举例说明。在 B_1 准则下，选择一个元素组作为次准则，对元素组之间进行两两比较。得到加权矩阵：

$$A = \begin{bmatrix} a_{11} & \cdots & a_{1N} \\ \vdots & \ddots & \vdots \\ a_{N1} & \cdots & a_{NN} \end{bmatrix} \tag{5-4}$$

对超矩阵 W^T 进行加权得到

$$\bar{W} = (\bar{W})_{ij}$$

$$\bar{W}_{ij} = a_{ij} W_{ij} \tag{5-5}$$

3. 计算极限加权超矩阵

在得到加权超矩阵之后，需要找出影响的稳定状态，即求出极限相对排序。设：W 为加权超矩阵，其元素 W_{ij} 表示元素 i 对元素 j 的第一步优势度，W^2 表示第二步优势度。有

$$W^t = (W_{ii}^t) \tag{5-6}$$

$$W^1 = W_{ij} \tag{5-7}$$

$$W^2 = \sum W_{im}^1 W_{mj}^1 \tag{5-8}$$

绝对极限排序是累计影响作用，元素 i 对元素 j 的累计 t 步的影响为

$$W_{ij}^t = \sum W_{im}^1 W_{mj}^t \tag{5-9}$$

当 W^t 在 t 接近 ∞ 时极限存在，即：

$$W^\infty = \lim_{t \to \infty} W^t \tag{5-10}$$

W^∞ 就是在准则 B_1 下各元素的极限加权超矩阵。设 Z^0 为加权超矩阵的初步排序，则：

$$Z^\infty = W^\infty Z^0 = \lim_{t \to \infty} W^t Z^0 \tag{5-11}$$

此处的 Z^∞ 就是极限绝对排序。

4. 极限超矩阵存在的定理

（1）设 A 是 n 阶非负矩阵，$\lambda_{\max}$ 是模的最大特征值，有：

$$\min \sum_{j=1}^{n} a_{ij} \leqslant \lambda_{\max} \leqslant \max \sum_{j=1}^{n} a_{ij} \qquad (5-12)$$

式(5-12)中随机矩阵的最大特征值为 1。

（2）设非负随机矩阵 A 的最大特征值 1 是单根，且其他特征值的模均小于 1，则 A^∞ 存在。且 A^∞ 的各列相同，是矩阵 A 为 1 的归一化特征向量。

（3）设 A 为非负不可约随机矩阵，$A^\infty = \lim_{n \to \infty} A^n$ 存在的充分必要条件时 A 是素矩阵。

5.1.6　网络层次分析法的运用步骤

1）分析问题

这一步和 AHP 基本上是相同的，主要是确定准则，将元素分类。

2）构建典型的 ANP 结构

首先构建控制层，控制层的结构和层次分析法的递阶层次结构一样，这部分主要由决策目标、准则、子准则组成。每个准则控制着一个网络结构。

其次是网络层，每个元素按照一定的分类方法归类，组成元素组，分析它们之间的网络结构和相互影响关系。在构建相互影响关系的时候，只要两个元素组之间存在一组元素具有相关性，那么组与组之间也存在着联系。

3）构造超矩阵计算权重

（1）根据组与组之间的关联性，对元素组之间进行两两比较，构造元素组之间的判断矩阵，计算出每个组的权重。

（2）将元素进行两两比较，构建判断矩阵并计算相对权重。

（3）构造初始化未加权超矩阵。

（4）计算加权超矩阵。

（5）计算极限矩阵和极限排序。

5.2　基于网络层次分析法的信息安全风险分析

在本章中，将网络层次分析法（ANP）引入到信息安全风险分析之中。在实际的信息安全风险分析之中，所使用的方法大致相同，但是基于的角度不一样，所以所得到系统的安全性能也不一样。故在本节中，以 GB/T 20984—2007 为标准，建立了基于威胁、脆弱性和安全措施视角的信息安全风险分析体系指标，如图 5-2 所示。

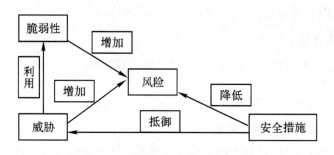

图 5-2　威胁、脆弱性和安全措施关系

5.2.1　控制层

如表 5-3 所示，本节的目的是信息安全风险分析，故在控制层之中，将风险等级作为决策目标。将威胁、脆弱性和安全措施作为准则，威胁的子准则有环境威胁和人为威胁。脆弱性的子准则有技术脆弱性和管理脆弱性。安全措施子准则有预防性安全措施和保护性安全措施。

表 5-3　控制层

决策目标	G 风险等级					
准则	B1 威胁		B2 脆弱性		B3 安全措施	
子准则	P1 环境威胁	P2 人为威胁	P3 技术脆弱性	P4 管理脆弱性	P5 预防性安全措施	P6 保护性安全措施

5.2.2　网络层

依据国标 GB/T 20984—2007 的分类方法，将风险因素按照子准则分为六类，分别为：环境威胁(表 5-4)，人为威胁(表 5-5)，技术脆弱性(表 5-6)，管理脆弱性(表 5-7)，安全预防措施(表 5-8)，安全保护措施(表 5-9)。

表 5-4　环境威胁

威　胁	所造成的后果
P1 环境威胁	e11 硬件故障 e12 软件故障 e13 无作为或操作失误 e14 恶意代码 e15 越权或滥用 e16 网络攻击

表 5 - 5　人为威胁

P2 人为威胁	e21 物理攻击，破坏软硬件数据等 e22 恶意篡改 e23 原发抵赖、接收抵赖、第三方抵赖等 e24 泄密

表 5 - 6　技术脆弱性

P3 技术脆弱性	e31 物理环境脆弱性 e32 网络结构脆弱性 e33 系统软件脆弱性 e34 运用软件脆弱性 e35 应用中间件脆弱性 e36 应用系统脆弱性

表 5 - 7　管理脆弱性

P4 管理脆弱性	e41 技术管理脆弱性 e42 组织管理脆弱性

表 5 - 8　安全预防措施

P5 安全预防措施	e51 防火墙可靠性风险 e52 IDS 可靠性风险 e53 身份认证可靠性风险 e54 数字证书可靠性风险

表 5 - 9　安全保护措施

P6 安全保护措施	e61 环境安全保护措施可靠性风险 e62 软件安全保护措施可靠性风险 e63 通信网络安全保护措施可靠性风险 e64 数据安全保护措施可靠性风险

5.2.3　整体网络结构

整体网络结构如图 5 - 3 所示。

表 5 - 4 至表 5 - 9 对应的子网结构如图 5 - 4 所示。

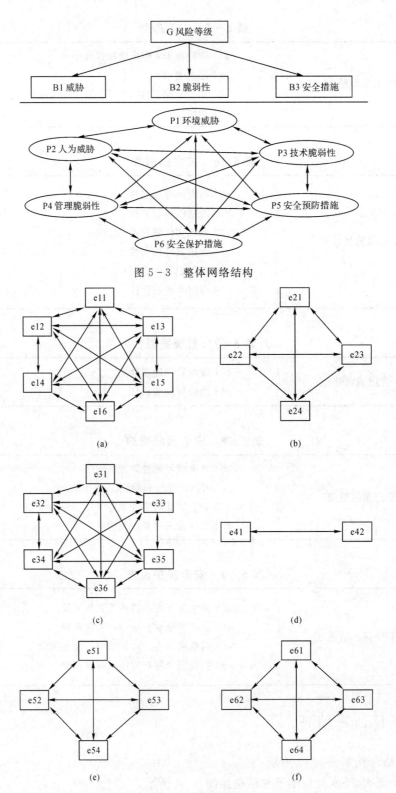

图 5-3　整体网络结构

(a)

(b)

(c)

(d)

(e)

(f)

图 5-4　子网结构

5.3 基于 ANP 的某保密系统风险分析

5.3.1 某保密系统概况

涉及保密的信息系统与一般的系统在信息安全管理上有所不同，涉密的系统对安全的要求要比一般的系统要求高得多，并且在安全管理上难度很大。保密系统容易与其他设备（如 U 盘等）相连接，导致信息被扩散出去。保密系统易受到物理攻击、网络攻击或者其他技术手段的攻击导致信息系统受到破坏或者信息被窃密泄露出去，一旦信息泄密，将迅速扩散，影响大、范围广。涉密系统的一点点事故对企业单位都可能是致命的，不管是经济损失还是其他损失都有可能是巨大的。

图 5-5 显示的是某保密信息系统的网络拓扑图，该保密系统主要包括服务器、网络连接设备、客户端 PC 和安全防护设备。保密系统的外部通过一个路由器和总部的网络相连接。该保密信息系统的内部采用千兆级的网络。

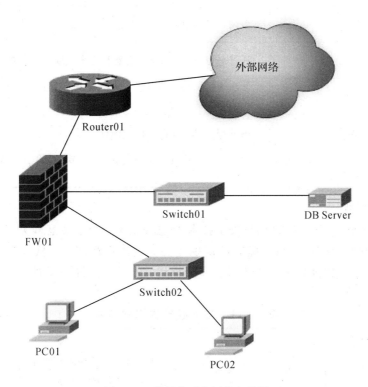

图 5-5 某保密系统网络拓扑图

5.3.2 威胁、脆弱性、安全措施识别

1. 威胁识别

威胁识别主要通过对相关人员的问卷调查和通过技术手段进行分析，技术手段主要是通过对安全防护产品的日志进行分析得到的，如表 5-10 所示。

表 5-10 威胁识别结果

威胁类别	描述
硬件故障	设备硬件故障、通信链路中断对系统的运行产生影响
软件故障	系统或者软件的自身漏洞缺陷对系统运行产生影响
恶意代码和病毒	具有自我复制和传播能力的病毒在设备上执行恶意任务破坏系统的程序代码
未授权访问	因为系统或者其他管理不当引起的未经授权访问
物理环境威胁	会对系统的运行产生影响的物理环境问题和自然灾害
权限滥用	滥用自己的权限，对信息系统做出泄密或者破坏的行为
探测窃密	通过恶意攻击、窃听等恶意行为来获取信息系统的信息
数据篡改	非法通过一些行为修改数据，破坏数据的完整性，导致数据不可用
漏洞利用	内外部人员利用漏洞的可能性
物理攻击	通过对信息系统的物理接触，导致软件、硬件、数据等被破坏的行为

2. 脆弱性识别

依据 GB/T 20984—2007《信息安全技术 信息安全风险分析规范》，对脆弱性的识别主要从技术和管理两个方面进行。脆弱性识别主要通过渗透性测试、核查与之相关联的配置、使用工具扫描、咨询相关管理人员、安全审计、分析软件等手段进行，识别结果如表5-11，表 5-12 所示。

表 5-11 技术脆弱性识别结果

脆弱性所在位置	脆弱性名称	描述
数据服务器	监听口令没有设置	恶意攻击者可利用监听服务在系统里写文件，从数据库获取相关内容等操作
防火墙	防火墙开放端口增加	可以利用漏洞对系统进行控制
客户端 PC	非法流量流出外网恶意代码和后门	防火墙的设置可能存在缺陷，可能会导致客户端被非法控制

表 5－12　管理脆弱性识别结果

脆弱性所在位置	脆弱性名称	描　　述
管理制度	机房安全管理脆弱性	机房的安全管理制度没有得到较好的执行
	安全策略脆弱性	没有专业的信息安全管理人员，安全策略不符合实际需求

3. 已有安全措施的确认

在对已有安全措施的确认时需要确定其有效性。在这里，识别主要通过查看相关的配置而得到。安全预防措施的作用是降低威胁利用脆弱性导致安全事件发生的可能性。安全保护措施的作用是减少安全事件发生后对组织和信息系统的影响，识别结果如表 5－13 所示。

表 5－13　安全措施识别结果

安全预防措施	IDS 防火墙 身份认证系统
安全保护措施	机房安全保护措施 VPN 数据保护

5.3.3　构建网络层次分析法模型

1. 控制层

构造的控制层结构如图 5－6 所示。

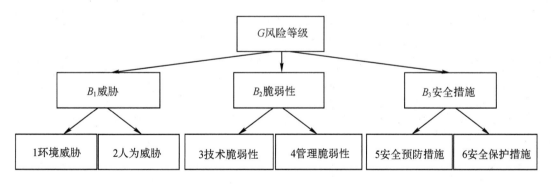

图 5－6　控制层结构

2. 网络层

由于整个网络结构太大，所以接下来把整个网络层次结构拆分为各个子网来描述。图 5－7～图 5－12 分别表示对应子网的结构图。

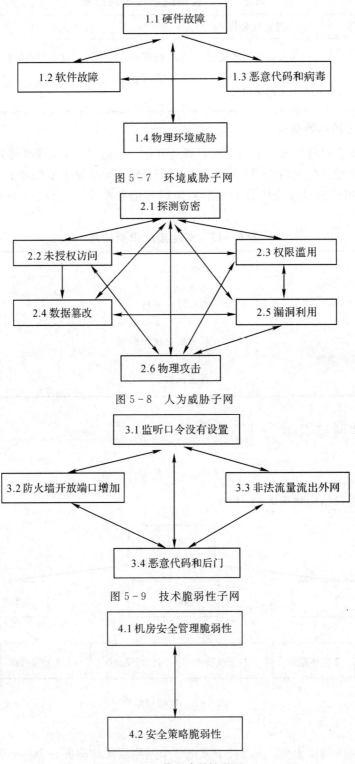

图 5-7　环境威胁子网

图 5-8　人为威胁子网

图 5-9　技术脆弱性子网

图 5-10　管理脆弱性子网

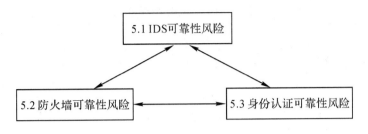

图 5 - 11　安全预防措施子网

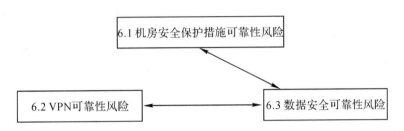

图 5 - 12　安全保护措施子网

图 5 - 7 至图 5 - 12 中子网之间的相互关系用图 5 - 13 方式描述，在网络结构图中父节点指向子节点，则表示子节点受到父节点影响，如表 5 - 14 所示。

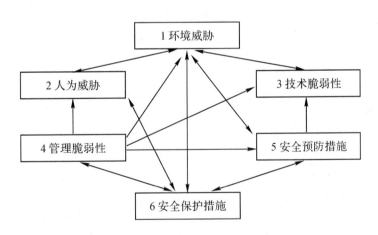

图 5 - 13　元素组间相互影响网络

5.3.4　建立两两比较的判断矩阵

判断矩阵由在选定准则下对元素之间的相对重要性进行 1 到 9 的尺度打分而得。CR 由公式(5 - 1)，式(5 - 2)计算得到。判断矩阵如表 5 - 15 至表 5 - 59 所示。

表 5－14　元素外部连接

父节点	子节点
1.1	2.6 6.1
1.2	2.1 2.2 2.3 2.4 2.5 3.4 5.1 5.2 6.2 6.3
1.3	2.1 2.2 2.3 2.4 2.5 3.3 3.4 5.1 5.2 5.3 6.2 6.3
2.5	1.2
2.6	1.1 6.1
3.1	1.3
4.1	1.1 2.1 2.2 2.3 2.4 2.5 2.6 3.1 3.2 3.3 3.4 5.1 5.2 5.3 6.1 6.3
4.2	1.1 1.2 1.3 1.4 2.1 2.2 2.3 2.4 2.5 2.6 3.1 3.2 3.3 3.4 5.1 5.2 5.3 6.1 6.2 6.3
5.1	1.3 2.4 2.5 3.3 3.4 6.2 6.3
5.2	1.3 2.1 2.5 3.2 3.3 3.4 6.2 6.3
5.3	2.2 2.4 6.4
6.1	1.1 2.6 4.1
6.3	2.1 2.4

表 5－15　关于环境威胁的两两判断矩阵(CR＝0.09)

环境威胁	1	2	3	5	6	权重
1	1	1/6	1/5	1/5	1/4	0.041
2	6	1	2	6	3	0.418
3	5	1/2	1	5	5	0.331
5	5	1/6	1/5	1	1	0.102
6	4	1/3	1/5	1	1	0.107

表 5－16　关于人为威胁的两两判断矩阵(CR＝0.05)

人为威胁	1	2	6	权重
1	1	1/5	2	0.179
2	5	1	5	0.709
6	1/2	1/5	1	0.113

表 5－17　关于技术脆弱性的两两判断矩阵(CR＝0.00)

技术脆弱性	1	3	权重
1	1	1/5	0.167
3	5	1	0.833

表 5 - 18　关于管理脆弱性的两两判断矩阵(CR＝0.08)

管理脆弱性	1	2	3	4	5	6	权重
1	1	1/5	1/3	1/6	3	3	0.081
2	5	1	2	1/4	6	8	0.259
3	3	1/2	1	1/3	2	2	0.128
4	6	4	3	1	6	5	0.439
5	1/3	1/6	1/2	1/6	1	1	0.046
6	1/3	1/8	1/2	1/5	1	1	0.047

表 5 - 19　关于安全预防措施的两两判断矩阵(CR＝0.08)

安全预防措施	1	2	3	5	6	权重
1	1	1/3	1/4	1/5	1/2	0.061
2	3	1	1/2	1/2	1/2	0.134
3	4	2	1	4	4	0.445
5	5	2	1/4	1	2	0.220
6	2	2	1/4	1/2	1	0.140

表 5 - 20　关于安全保护措施的两两判断矩阵(CR＝0.07)

安全保护措施	1	2	4	6	权重
1	1	1/3	3	3	0.267
2	3	1	3	4	0.504
4	1/3	1/3	1	1/2	0.100
6	1/3	1/4	2	1	0.129

表 5 - 21　关于硬件故障在环境威胁中各因素的两两判断矩阵(CR＝0.00)

1.1/1	1.2	1.4	权重
1.2	1	4	0.80
1.4	1/4	1	0.20

表 5 - 22　关于硬件故障在环境威胁中各因素的两两判断矩阵(CR＝0.00)

1.2/1	1.1	1.3	权重
1.1	1	1/5	0.167
1.3	5	1	0.833

表 5－23　关于硬件故障在人为威胁中各因素的两两判断矩阵(CR＝0.07)

1.2/2	2.1	2.2	2.3	2.4	2.5	权重
2.1	1	1/5	3	2	1	0.156
2.2	5	1	7	5	5	0.549
2.3	1/3	1/7	1	1/3	1	0.062
2.4	1/2	1/5	3	1	3	0.146
2.5	1	1/5	1	1/3	1	0.087

表 5－24　关于硬件故障在安全预防措施中各因素的两两判断矩阵(CR＝0.08)

1.2/5	5.1	5.2	5.3	权重
5.1	1	1/3	1/2	0.163
5.2	3	1	2	0.540
5.3	2	1/2	1	0.297

表 5－25　关于硬件故障在安全保护措施中各因素的两两判断矩阵(CR＝0.00)

1.2/6	6.2	6.3	权重
6.2	1	1/5	0.167
6.3	5	1	0.833

表 5－26　关于恶意代码和病毒在环境威胁中各因素的两两判断矩阵(CR＝0.00)

1.3/1	1.1	1.2	权重
1.1	1	1/5	0.167
1.2	5	1	0.833

表 5－27　关于恶意代码和病毒在人为威胁中各因素的两两判断矩阵(CR＝0.02)

1.3/2	2.1	2.2	2.3	2.4	2.5	权重
2.1	1	1/5	2	1/2	1/2	0.099
2.2	5	1	5	3	3	0.467
2.3	1/2	1/5	1	1/5	1/2	0.065
2.4	2	1/3	5	1	1	0.204
2.5	2	1/3	2	1	1	0.166

表 5 - 28　关于恶意代码和病毒在技术脆弱性中各因素的两两判断矩阵(CR＝0.00)

1.3/3	3.3	3.4	权重
3.3	1	1/5	0.167
3.4	5	1	0.833

表 5 - 29　关于恶意代码和病毒在安全预防措施中各因素的两两判断矩阵(CR＝0.00)

1.3/5	5.1	5.2	5.3	权重
5.1	1	1	1	0.333
5.2	1	1	1	0.333
5.3	1	1	1	0.333

表 5 - 30　关于恶意代码和病毒在安全保护措施中各因素的两两判断矩阵(CR＝0.00)

1.3/6	6.2	6.3	权重
6.2	1	1/5	0.167
6.3	5	1	0.833

表 5 - 31　关于探测窃密在人为威胁中各因素的两两判断矩阵(CR＝0.09)

2.1/2	2.2	2.3	2.4	2.5	2.6	权重
2.2	1	5	5	3	7	0.508
2.3	1/5	1	1/2	1/2	5	0.104
2.4	1/5	2	1	3	5	0.208
2.5	1/3	2	1/3	1	5	0.143
2.6	1/7	1/5	1/5	1/5	1	0.0307

表 5 - 32　关于未授权访问在人为威胁中各因素的两两判断矩阵(CR＝0.05)

2.2/2	2.1	2.3	2.4	2.5	2.6	权重
2.1	1	2	1/3	3	5	0.253
2.3	1/2	1	1/2	1	5	0.159
2.4	3	2	1	3	6	0.408
2.5	1/3	1	1/3	1	5	0.138
2.6	1/5	1/5	1/6	1/5	1	0.042

表 5-33　关于权限滥用在人为威胁中各因素的两两判断矩阵(CR=0.08)

2.3/2	2.1	2.2	2.4	2.5	2.6	权重
2.1	1	1/5	1/2	3	5	0.165
2.2	5	1	3	3	7	0.471
2.4	2	1/3	1	2	6	0.213
2.5	1/3	1/3	1/2	1	5	0.144
2.6	1/5	1/7	1/6	1/5	1	0.036

表 5-34　关于数据篡改在人为威胁中各因素的两两判断矩阵(CR=0.05)

2.4/2	2.1	2.3	2.5	权重
2.1	1	3	2	0.528
2.3	1/3	1	1/3	0.140
2.5	1/2	3	1	0.333

表 5-35　关于漏洞利用在人为威胁中各因素的两两判断矩阵(CR=0.09)

2.5/2	2.1	2.2	2.3	2.4	2.6	权重
2.1	1	1/5	3	1/3	5	0.144
2.2	5	1	5	3	7	0.488
2.3	1/3	1/5	1	1/3	5	0.093
2.4	3	1/3	3	1	5	0.239
2.6	1/5	1/7	1/5	1/5	1	0.037

表 5-36　关于物理攻击在人为威胁中各因素的两两判断矩阵(CR=0.04)

2.6/2	2.1	2.2	2.3	2.5	权重
2.1	1	1/3	3	3	0.265
2.2	3	1	5	3	0.516
2.3	1/3	1/5	1	1/2	0.083
2.5	1/3	1/3	2	1	0.136

表 5-37　关于监听口令没有设置在技术脆弱性中各因素的两两判断矩阵(CR=0.05)

3.1/3	3.2	3.3	3.4	权重
3.2	1	5	1/2	0.352
3.3	1/5	1	1/5	0.089
3.4	2	5	1	0.559

表 5 - 38　关于防火墙开放端口增加在技术脆弱性中各因素的两两判断矩阵(CR＝0.07)

3.2/3	3.1	3.3	3.4	权重
3.1	1	7	4	0.696
3.3	1/7	1	1/4	0.075
3.4	1/4	4	1	0.229

表 5 - 39　关于非法流量流出外网在技术脆弱性中各因素的两两判断矩阵(CR＝0.05)

3.3/3	3.1	3.2	3.4	权重
3.1	1	3	3	0.594
3.2	1/3	1	1/2	0.157
3.4	1/3	2	1	0.249

表 5 - 40　关于恶意代码和后门在技术脆弱性中各因素的两两判断矩阵(CR＝0.08)

3.4/3	3.1	3.2	3.3	权重
3.1	1	3	5	0.627
3.2	1/3	1	4	0.280
3.3	1/5	1/4	1	0.094

表 5 - 41　关于机房管理脆弱性在技术脆弱性中各因素的两两判断矩阵(CR＝0.08)

4.1/3	3.1	3.2	3.3	3.4	权重
3.1	1	3	5	2	0.468
3.2	1/3	1	5	2	0.267
3.3	1/5	1/5	1	1/5	0.059
3.4	1/2	1/2	5	1	0.206

表 5 - 42　关于机房管理脆弱性在安全预防措施中各因素的两两判断矩阵(CR＝0.00)

4.1/5	5.1	5.2	5.3	权重
5.1	1	1/3	1/3	0.143
5.2	3	1	1	0.429
5.3	3	1	1	0.429

表 5 - 43　关于机房脆弱性在安全保护措施中各因素的两两判断矩阵(CR＝0.00)

4.1/6	6.1	6.3	权重
6.1	1	1	0.500
6.3	1	1	0.500

表 5-44 关于安全策略脆弱性在人为威胁中各因素的两两判断矩阵(CR=0.05)

4.2/2	2.1	2.2	2.3	2.4	2.5	2.6	权重
2.1	1	1/3	3	1/3	2	6	0.152
2.2	3	1	4	3	5	5	0.394
2.3	1/3	1/4	1	1/3	1	2	0.073
2.4	3	1/3	3	1	5	7	0.269
2.5	1/2	1/5	1	1/5	1	3	0.074
2.6	1/6	1/5	1/2	1/7	1/3	1	0.038

表 5-45 关于安全策略脆弱性在技术脆弱性中各因素的两两判断矩阵(CR=0.04)

4.2/3	3.1	3.2	3.3	3.4	权重
3.1	1	3	5	1/2	0.336
3.2	1/3	1	3	1/2	0.168
3.3	1/5	1/3	1	1/5	0.067
3.4	2	2	5	1	0.429

表 5-46 关于安全策略脆弱性在安全预防措施中各因素的两两判断矩阵(CR=0.006)

4.2/5	5.1	5.2	5.3	权重
5.1	1	1/4	1/3	0.126
5.2	4	1	1	0.458
5.3	3	1	1	0.416

表 5-47 关于安全策略脆弱性在安全保护措施中各因素的两两判断矩阵(CR=0.06)

4.2/6	6.1	6.2	6.3	权重
6.1	1	1/3	1/7	0.081
6.2	3	1	1/5	0.188
6.3	7	5	1	0.731

表 5-48 关于 IDS 可靠性风险在人为威胁中各因素的两两判断矩阵(CR=0.00)

5.1/2	2.4	2.5	权重
2.4	1	1/2	0.333
2.5	2	1	0.667

表 5－49　关于 IDS 可靠性风险在技术脆弱性中各因素的两两判断矩阵（CR＝0.00）

5.1/3	3.3	3.4	权重
3.3	1	1/3	0.250
3.4	3	1	0.750

表 5－50　关于 IDS 可靠性风险在安全预防措施中各因素的两两判断矩阵（CR＝0.00）

5.1/5	5.2	5.3	权重
5.2	1	5	0.833
5.3	1/5	1	0.167

表 5－51　关于 IDS 可靠性风险在安全保护措施中各因素的两两判断矩阵（CR＝0.00）

5.1/6	6.2	6.3	权重
6.2	1	1/5	0.167
6.3	5	1	0.833

表 5－52　关于防火墙可靠性风险在人为威胁中各因素的两两判断矩阵（CR＝0.00）

5.2/2	2.1	2.5	权重
2.1	1	5	0.833
2.5	1/5	1	0.167

表 5－53　关于防火墙可靠性风险在技术脆弱性中各因素的两两判断矩阵（CR＝0.06）

5.2/3	3.2	3.3	3.4	权重
3.2	1	5	1/3	0.279
3.3	1/5	1	1/7	0.072
3.4	3	7	1	0.649

表 5－54　关于防火墙可靠性风险在安全预防措施中各因素的两两判断矩阵（CR＝0.00）

5.2/5	5.1	5.3	权重
5.1	1	5	0.833
5.3	1/5	1	0.167

表 5-55　关于防火墙可靠性风险在安全保护措施中各因素的两两判断矩阵(CR＝0.00)

5.2/6	6.2	6.3	权重
6.2	1	1/5	0.167
6.3	5	1	0.833

表 5-56　关于身份认证可靠性分析在人为威胁中各因素的两两判断矩阵(CR＝0.00)

5.3/2	2.2	2.4	权重
2.2	1	4	0.800
2.4	1/4	1	0.200

表 5-57　关于身份认证可靠性风险在 安全预防措施中各因素的两两判断矩阵(CR＝0.00)

5.3/5	5.1	5.2	权重
5.1	1	1/3	0.250
5.2	3	1	0.750

表 5-58　关于数据安全可靠性风险在人为威胁中各因素的两两判断矩阵(CR＝0.00)

6.3/2	2.1	2.4	权重
2.1	1	1/4	0.200
2.4	4	1	0.800

表 5-59　关于数据安全可靠性风险在安全保护措施中各因素的两两判断矩阵(CR＝0.00)

6.3/6	6.1	6.2	权重
6.1	1	1	0.500
6.2	1	1	0.500

5.3.5　计算超矩阵

1. 未加权超矩阵

使用式(5-3)对判断矩阵进行一系列复杂的计算得到未加权的超矩阵,结果见表5-60。

2. 超矩阵

使用式(5-4)和式(5-5)对未加权超矩阵进行加权,结果见表 5-61。

3. 极限超矩阵

在得到加权超矩阵之后,使用式(5-6)~式(5-12)计算极限超矩阵,结果见表5-62。

表 5－60　未加权超矩阵

		1 环境威胁				2 人为威胁						3 技术脆弱性				4 管理脆弱性		5 安全预防措施			6 安全保护措施		
		1.1	1.2	1.3	1.4	2.1	2.2	2.3	2.4	2.5	2.6	3.1	3.2	3.3	3.4	4.1	4.2	5.1	5.2	5.3	6.1	6.2	6.3
1 环境威胁	1.1	0.000	0.167	0.167	1.000	0.000	0.000	0.000	0.000	0.000	1.000	0.000	0.000	0.000	0.000	1.000	0.250	0.000	0.000	0.000	1.000	0.000	0.000
	1.2	0.800	0.000	0.833	0.000	0.000	0.000	0.000	0.000	1.000	0.000	0.000	0.000	0.000	0.000	0.000	0.250	0.000	0.000	0.000	0.000	0.000	0.000
	1.3	0.000	0.833	0.000	0.000	0.000	0.000	0.000	0.000	0.000	0.000	1.000	0.000	0.000	0.000	0.000	0.250	1.000	1.000	0.000	0.000	0.000	0.000
	1.4	0.200	0.000	0.000	0.000	0.000	0.000	0.000	0.000	0.000	0.000	0.000	0.000	0.000	0.000	0.000	0.250	0.000	0.000	0.000	0.000	0.000	0.000
2 人为威胁	2.1	0.000	0.156	0.099	0.000	0.000	0.253	0.165	0.528	0.144	0.265	0.000	0.000	0.000	0.000	0.167	0.152	0.000	0.833	0.000	0.000	0.000	0.200
	2.2	0.000	0.550	0.467	0.000	0.508	0.000	0.471	0.000	0.487	0.516	0.000	0.000	0.000	0.000	0.167	0.394	0.000	0.000	0.800	0.000	0.000	0.000
	2.3	0.000	0.062	0.065	0.000	0.104	0.159	0.000	0.140	0.093	0.083	0.000	0.000	0.000	0.000	0.167	0.073	0.000	0.000	0.000	0.000	0.000	0.000
	2.4	0.000	0.146	0.204	0.000	0.208	0.408	0.213	0.000	0.239	0.000	0.000	0.000	0.000	0.000	0.167	0.269	0.333	0.000	0.200	0.000	0.000	0.800
	2.5	0.000	0.087	0.166	0.000	0.143	0.138	0.114	0.333	0.000	0.136	0.000	0.000	0.000	0.000	0.167	0.074	0.667	0.167	0.000	0.000	0.000	0.000
	2.6	1.000	0.000	0.000	0.000	0.037	0.042	0.036	0.000	0.037	0.000	0.000	0.000	0.000	0.000	0.167	0.038	0.000	0.000	0.000	1.000	0.000	0.000
3 技术脆弱性	3.1	0.000	0.000	0.000	0.000	0.000	0.000	0.000	0.000	0.000	0.000	0.000	0.696	0.594	0.627	0.468	0.336	0.000	0.000	0.000	0.000	0.000	0.000
	3.2	0.000	0.000	0.000	0.000	0.000	0.000	0.000	0.000	0.000	0.000	0.352	0.000	0.157	0.280	0.267	0.168	0.000	0.279	0.000	0.000	0.000	0.000
	3.3	0.000	0.000	0.167	0.000	0.000	0.000	0.000	0.000	0.000	0.000	0.089	0.075	0.000	0.094	0.059	0.067	0.250	0.072	0.000	0.000	0.000	0.000
	3.4	0.000	1.000	0.833	0.000	0.000	0.000	0.000	0.000	0.000	0.000	0.559	0.229	0.249	0.000	0.206	0.429	0.750	0.649	0.000	0.000	0.000	0.000
4 管理	4.1	0.000	0.000	0.000	0.000	0.000	0.000	0.000	0.000	0.000	0.000	0.000	0.000	0.000	0.000	0.000	1.000	0.000	0.000	0.000	1.000	0.000	0.000
	4.2	0.000	0.000	0.000	0.000	0.000	0.000	0.000	0.000	0.000	0.000	0.000	0.000	0.000	0.000	1.000	0.000	0.000	0.000	0.000	0.000	0.000	0.000
5 安全预防	5.1	0.000	0.163	0.333	0.000	0.000	0.000	0.000	0.000	0.000	0.000	0.000	0.000	0.000	0.000	0.143	0.126	0.000	0.833	0.250	0.000	0.000	0.000
	5.2	0.000	0.540	0.333	0.000	0.000	0.000	0.000	0.000	0.000	0.000	0.000	0.000	0.000	0.000	0.429	0.458	0.833	0.000	0.750	0.000	0.000	0.000
	5.3	0.000	0.297	0.333	0.000	0.000	0.000	0.000	0.000	0.000	0.000	0.000	0.000	0.000	0.000	0.429	0.416	0.167	0.167	0.000	1.000	0.000	0.000
6 安全保护	6.1	1.000	0.000	0.000	0.000	0.000	0.000	0.000	0.000	0.000	1.000	0.000	0.000	0.000	0.000	0.500	0.081	0.000	0.000	0.000	0.000	0.000	0.500
	6.2	0.000	0.167	0.167	0.000	0.000	0.000	0.000	0.000	0.000	0.000	0.000	0.000	0.000	0.000	0.000	0.188	0.167	0.167	0.000	0.000	0.000	0.500
	6.3	0.000	0.833	0.833	0.000	0.000	0.000	0.000	0.000	0.000	0.000	0.000	0.000	0.000	0.000	0.500	0.731	0.833	0.833	1.000	1.000	1.000	0.000

表 5-61　加权超矩阵

		1环境威胁				2人为威胁						3技术脆弱性				4管理脆弱性		5安全预防措施			6安全保护措施		
		1.1	1.2	1.3	1.4	2.1	2.2	2.3	2.4	2.5	2.6	3.1	3.2	3.3	3.4	4.1	4.2	5.1	5.2	5.3	6.1	6.2	6.3
1环境威胁	1.1	0.000	0.007	0.007	1.000	0.000	0.000	0.000	0.000	0.000	0.179	0.000	0.000	0.000	0.000	0.081	0.020	0.000	0.000	0.000	0.267	0.000	0.000
	1.2	0.059	0.000	0.035	0.000	0.000	0.000	0.000	0.000	0.201	0.000	0.000	0.000	0.000	0.000	0.000	0.020	0.000	0.000	0.000	0.000	0.000	0.000
	1.3	0.000	0.035	0.000	0.000	0.000	0.000	0.000	0.000	0.000	0.000	0.167	0.000	0.000	0.000	0.000	0.020	0.061	0.061	0.000	0.000	0.000	0.000
	1.4	0.015	0.000	0.000	0.000	0.000	0.000	0.000	0.000	0.000	0.000	0.000	0.000	0.000	0.000	0.000	0.020	0.000	0.000	0.000	0.000	0.000	0.000
2人为威胁	2.1	0.000	0.065	0.041	0.000	0.000	0.253	0.165	0.527	0.115	0.188	0.000	0.000	0.000	0.000	0.043	0.039	0.000	0.112	0.217	0.000	0.000	0.159
	2.2	0.000	0.230	0.195	0.000	0.508	0.000	0.471	0.000	0.389	0.366	0.000	0.000	0.000	0.000	0.043	0.102	0.000	0.000	0.000	0.000	0.000	0.000
	2.3	0.000	0.026	0.027	0.000	0.104	0.159	0.000	0.140	0.074	0.059	0.000	0.000	0.000	0.000	0.043	0.019	0.000	0.000	0.000	0.000	0.000	0.000
	2.4	0.000	0.061	0.085	0.000	0.208	0.408	0.213	0.000	0.191	0.000	0.000	0.000	0.000	0.000	0.043	0.070	0.045	0.000	0.054	0.000	0.000	0.637
	2.5	0.000	0.036	0.069	0.000	0.143	0.138	0.114	0.333	0.000	0.096	0.000	0.000	0.000	0.000	0.043	0.019	0.089	0.022	0.000	0.504	0.000	0.000
	2.6	0.738	0.000	0.000	0.000	0.037	0.042	0.036	0.000	0.030	0.000	0.000	0.000	0.000	0.000	0.043	0.010	0.000	0.000	0.000	0.113	0.000	0.000
3技术脆弱性	3.1	0.000	0.000	0.000	0.000	0.000	0.000	0.000	0.000	0.000	0.000	0.000	0.696	0.594	0.627	0.060	0.043	0.000	0.000	0.000	0.000	0.000	0.000
	3.2	0.000	0.000	0.000	0.000	0.000	0.000	0.000	0.000	0.000	0.000	0.293	0.000	0.157	0.280	0.034	0.022	0.000	0.124	0.000	0.000	0.000	0.000
	3.3	0.000	0.000	0.055	0.000	0.000	0.000	0.000	0.000	0.000	0.000	0.074	0.075	0.000	0.094	0.008	0.009	0.111	0.032	0.000	0.000	0.000	0.000
	3.4	0.000	0.331	0.276	0.000	0.000	0.000	0.000	0.000	0.000	0.000	0.466	0.229	0.249	0.000	0.026	0.055	0.334	0.289	0.000	0.000	0.000	0.000
4管理脆弱性	4.1	0.000	0.000	0.000	0.000	0.000	0.000	0.000	0.000	0.000	0.000	0.000	0.000	0.000	0.000	0.000	0.439	0.000	0.000	0.000	0.100	0.000	0.000
	4.2	0.000	0.000	0.000	0.000	0.000	0.000	0.000	0.000	0.000	0.000	0.000	0.000	0.000	0.000	0.439	0.000	0.000	0.000	0.000	0.000	0.000	0.000
5安全预防措施	5.1	0.000	0.017	0.034	0.000	0.000	0.000	0.000	0.000	0.000	0.000	0.000	0.000	0.000	0.000	0.007	0.006	0.000	0.183	0.112	0.000	0.000	0.000
	5.2	0.000	0.055	0.034	0.000	0.000	0.000	0.000	0.000	0.000	0.000	0.000	0.000	0.000	0.000	0.020	0.021	0.183	0.000	0.335	0.000	0.000	0.000
	5.3	0.000	0.030	0.034	0.000	0.000	0.000	0.000	0.000	0.000	0.000	0.000	0.000	0.000	0.000	0.020	0.019	0.037	0.037	0.000	0.000	0.000	0.000
6安全保护措施	6.1	0.189	0.000	0.000	0.000	0.000	0.000	0.000	0.000	0.000	0.113	0.000	0.000	0.000	0.000	0.023	0.004	0.000	0.000	0.000	0.129	0.000	0.102
	6.2	0.000	0.018	0.019	0.000	0.000	0.000	0.000	0.000	0.000	0.000	0.000	0.000	0.000	0.000	0.023	0.009	0.023	0.023	0.000	0.000	1.000	0.102
	6.3	0.000	0.089	0.089	0.000	0.000	0.000	0.000	0.000	0.000	0.000	0.000	0.000	0.000	0.000	0.023	0.034	0.116	0.116	0.283	0.000	0.000	0.000

表 5 - 62　极限超矩阵

| | | 1 环境威胁 | | | | 2 人为威胁 | | | | | | 3 技术脆弱性 | | | | 4 管理脆弱性 | | 5 安全预防措施 | | | 6 安全保护措施 | | |
		1.1	1.2	1.3	1.4	2.1	2.2	2.3	2.4	2.5	2.6	3.1	3.2	3.3	3.4	4.1	4.2	5.1	5.2	5.3	6.1	6.2	6.3
1 环境威胁	1.1	0.007	0.007	0.007	0.007	0.007	0.007	0.007	0.007	0.007	0.007	0.007	0.007	0.007	0.007	0.007	0.007	0.007	0.007	0.007	0.007	0.007	0.007
	1.2	0.023	0.023	0.023	0.023	0.023	0.023	0.023	0.023	0.023	0.023	0.023	0.023	0.023	0.023	0.023	0.023	0.023	0.023	0.023	0.023	0.023	0.023
	1.3	0.016	0.016	0.016	0.016	0.016	0.016	0.016	0.016	0.016	0.016	0.016	0.016	0.016	0.016	0.016	0.016	0.016	0.016	0.016	0.016	0.016	0.016
	1.4	0.000	0.000	0.000	0.000	0.000	0.000	0.000	0.000	0.000	0.000	0.000	0.000	0.000	0.000	0.000	0.000	0.000	0.000	0.000	0.000	0.000	0.000
2 人为威胁	2.1	0.159	0.159	0.159	0.159	0.159	0.159	0.159	0.159	0.159	0.159	0.159	0.159	0.159	0.159	0.159	0.159	0.159	0.159	0.159	0.159	0.159	0.159
	2.2	0.179	0.179	0.179	0.179	0.179	0.179	0.179	0.179	0.179	0.179	0.179	0.179	0.179	0.179	0.179	0.179	0.179	0.179	0.179	0.179	0.179	0.179
	2.3	0.077	0.077	0.077	0.077	0.077	0.077	0.077	0.077	0.077	0.077	0.077	0.077	0.077	0.077	0.077	0.077	0.077	0.077	0.077	0.077	0.077	0.077
	2.4	0.151	0.151	0.151	0.151	0.151	0.151	0.151	0.151	0.151	0.151	0.151	0.151	0.151	0.151	0.151	0.151	0.151	0.151	0.151	0.151	0.151	0.151
	2.5	0.111	0.111	0.111	0.111	0.111	0.111	0.111	0.111	0.111	0.111	0.111	0.111	0.111	0.111	0.111	0.111	0.111	0.111	0.111	0.111	0.111	0.111
	2.6	0.027	0.027	0.027	0.027	0.027	0.027	0.027	0.027	0.027	0.027	0.027	0.027	0.027	0.027	0.027	0.027	0.027	0.027	0.027	0.027	0.027	0.027
3 技术脆弱性	3.1	0.090	0.090	0.090	0.090	0.090	0.090	0.090	0.090	0.090	0.090	0.090	0.090	0.090	0.090	0.090	0.090	0.090	0.090	0.090	0.090	0.090	0.090
	3.2	0.050	0.050	0.050	0.050	0.050	0.050	0.050	0.050	0.050	0.050	0.050	0.050	0.050	0.050	0.050	0.050	0.050	0.050	0.050	0.050	0.050	0.050
	3.3	0.018	0.018	0.018	0.018	0.018	0.018	0.018	0.018	0.018	0.018	0.018	0.018	0.018	0.018	0.018	0.018	0.018	0.018	0.018	0.018	0.018	0.018
	3.4	0.072	0.072	0.072	0.072	0.072	0.072	0.072	0.072	0.072	0.072	0.072	0.072	0.072	0.072	0.072	0.072	0.072	0.072	0.072	0.072	0.072	0.072
4 管理	4.1	0.001	0.001	0.001	0.001	0.001	0.001	0.001	0.001	0.001	0.001	0.001	0.001	0.001	0.001	0.001	0.001	0.001	0.001	0.001	0.001	0.001	0.001
	4.2	0.000	0.000	0.000	0.000	0.000	0.000	0.000	0.000	0.000	0.000	0.000	0.000	0.000	0.000	0.000	0.000	0.000	0.000	0.000	0.000	0.000	0.000
5 安全预防	5.1	0.002	0.002	0.002	0.002	0.002	0.002	0.002	0.002	0.002	0.002	0.002	0.002	0.002	0.002	0.002	0.002	0.002	0.002	0.002	0.002	0.002	0.002
	5.2	0.003	0.003	0.003	0.003	0.003	0.003	0.003	0.003	0.003	0.003	0.003	0.003	0.003	0.003	0.003	0.003	0.003	0.003	0.003	0.003	0.003	0.003
	5.3	0.001	0.001	0.001	0.001	0.001	0.001	0.001	0.001	0.001	0.001	0.001	0.001	0.001	0.001	0.001	0.001	0.001	0.001	0.001	0.001	0.001	0.001
6 安全保护	6.1	0.005	0.005	0.005	0.005	0.005	0.005	0.005	0.005	0.005	0.005	0.005	0.005	0.005	0.005	0.005	0.005	0.005	0.005	0.005	0.005	0.005	0.005
	6.2	0.001	0.001	0.001	0.001	0.001	0.001	0.001	0.001	0.001	0.001	0.001	0.001	0.001	0.001	0.001	0.001	0.001	0.001	0.001	0.001	0.001	0.001
	6.3	0.007	0.007	0.007	0.007	0.007	0.007	0.007	0.007	0.007	0.007	0.007	0.007	0.007	0.007	0.007	0.007	0.007	0.007	0.007	0.007	0.007	0.007

5.3.6　风险分析

根据极限超矩阵可得到各风险因素的局部权重和全局权重(表 5 - 63),根据权重得到各风险的排序(表 5 - 64),管理者依据排序结果对信息安全进行管理。

表 5 - 63　风险因素权重

指　标	权　重	因　素	局部权重	权　重
1 环境威胁	0.046	1.1 硬件故障	0.152	0.007
		1.2 软件故障	0.500	0.023
		1.3 恶意代码和病毒	0.348	0.016
		1.4 物理环境威胁	0.000	0.000
2 人为威胁	0.704	2.1 探测窃密	0.226	0.159
		2.2 未授权访问	0.254	0.179
		2.3 权限滥用	0.109	0.077
		2.4 数据篡改	0.214	0.151
		2.5 漏洞利用	0.158	0.111
		2.6 物理攻击	0.038	0.027
3 技术脆弱性	0.230	3.1 监听口令没有设置	0.391	0.090
		3.2 防火墙开放端口增加	0.217	0.050
		3.3 非法流量流出外网	0.078	0.018
		3.4 恶意代码和后门	0.313	0.072
4 管理脆弱性	0.001	4.1 机房安全管理脆弱性	1.000	0.001
		4.2 安全策略脆弱性	0.000	0.000
5 安全预防措施	0.006	5.1 IDS 可靠性风险	0.333	0.002
		5.2 防火墙可靠性风险	0.500	0.003
		5.3 身份认证可靠性风险	0.1667	0.001
6 安全保护措施	0.013	6.1 机房保护措施可靠性风险	0.385	0.005
		6.2 VPN 可靠性风险	0.077	0.001
		6.3 数据安全可靠性风险	0.538	0.007

表 5 - 64　风险管理次序

风 险 因 素	风险程度	管理次序	风 险 因 素	风险程度	管理次序
未授权访问(0.179)	高	1	硬件故障(0.007)	低	13
探测窃密(0.159)		2	数据安全可靠性风险(0.007)		14
数据篡改(0.151)		3	机房保护措施可靠性风险(0.005)		15
漏洞利用(0.111)		4	防火墙可靠性风险(0.003)		16
监听口令没有设置(0.09)	较高	5	IDS 可靠性风险(0.002)		17
权限滥用(0.077)		6	机房安全管理脆弱性(0.001)		18
恶意代码和后门(0.072)		7	身份认证可靠性风险(0.001)		19
防火墙开放端口增加(0.050)		8	VPN 可靠性风险(0.001)		20
物理攻击(0.027)	中等	9	物理环境威胁(0.000)		21
软件故障(0.023)		10	安全策略脆弱性(0.000)		22
非法流量流出外网(0.018)		11			
恶意代码和病毒(0.016)		12			

现如今,信息安全对于一个企业乃至一个国家是十分重要的。所以管理者应该从信息安全事件发生之后再被动地采取补救措施转变到提前做好预防措施,从源头上控制信息安全事件发生的可能性,最大程度上降低信息安全事件发生后所带来的损失。为了更好地进行安全管理,就得对风险进行分析。分析风险可能带来的威胁和影响,是进行安全管理的前提,只有这样,才能有针对性地为系统制订有效的管理措施。

本章在传统的风险分析方法基础上,将改进的 ANP 应用到了信息安全风险分析之中,提出了基于网络层次分析法(ANP)的信息安全风险评估指标体系,利用网络层次分析法来克服传统层次分析法难以分析风险因素相互间影响的缺陷,建立了相应的风险分析模型,之后使用所构建的模型对某保密系统进行风险分析以检验方法可行性,通过翔实的实验数据,证明该方法在风险分析上有着良好的实用性和使用效果。

第6章 基于风险因子的信息安全风险评估模型

6.1 风险因子概述

我们将威胁-脆弱性结合起来定义为风险因子，而风险因子都有一个值，我们将这个值定义为安全关注(Security Concern)，简称 SC，它代表脆弱性被威胁利用后所带来的安全影响。

我们将威胁定义为可以利用脆弱性对资产造成损害的活动代理。它包含主要代理和次要代理、动机、资源和结果。主要代理即能够利用脆弱性而发起攻击的代理，它可以包含很多种因素，例如自然因素(洪水、地震、台风等)，环境因素(电力波动、化学污染等)以及人为因素，这些因素都可以成为直接利用脆弱性的代理。而次要代理即能够被主要代理利用的代理，它也可以是很多类型，比如人、硬件、网络等。

威胁含有动机，即代理想要达到的目的，或代理实现攻击后的意义。而实现威胁需要资源，资源含有多种类型，如人员、专业知识、财政资源等。威胁利用脆弱性可造成多种后果，如资产损失、资料完整性被破坏、信息泄露、拒绝服务等。

脆弱性评估同样作为风险评估量化中的相当重要的一环，也需要经过仔细的分析与深入研究。随着脆弱性评估技术的发展，技术越来越多样化，目前有人工进行的问卷调查法、人员问询法，还有在工具的辅助下进行的渗透测试，都是可以进行脆弱性识别的相对比较科学的方法，但这些方法都需要由相关专家以及专业人员来完成。

6.2 基于风险因子的信息安全评估方法计算

6.2.1 风险度及因子的基本要素

1. 风险度(安全关注)

安全关注将由其脆弱性的严重程度(Sev)和该风险因子的可破坏性(Breachability)计算得到。其中可破坏性定义了威胁能够利用脆弱性的潜力，以下简称 BT，BT 的计算公式如公式(6-1)。

$$BT(t, v) = RoundOff(\alpha \cdot LoC(t) + \beta \cdot Mvn(t) + \gamma \cdot Res(t) + \delta \cdot Exp(v))$$

$$(6-1)$$

其中，$\alpha+\beta+\gamma+\delta=1$，$\alpha\geqslant0$，$\beta\geqslant0$，$\gamma\geqslant0$，$\delta\geqslant0$。上式中的 RoundOff 代表向小取整，$LoC(t)$ 是威胁 t 发生的可能性，$Mvn(t)$ 表明威胁 t 的动机是否存在，$Res(t)$ 表明威胁 t 的资源是否可利用，$Exp(v)$ 代表脆弱性 v 的可利用程度。其中 $Mvn(t)$ 的取值为 0 或 1，0 代表动机不存在，1 代表存在；$Res(t)$ 的取值为 0 或 1，0 代表资源不能使用，1 代表资源可以使用。而 α，β，γ，δ 分别代表这四个组成元素的权重，由企业来制定。我们可以根据简单的计算得到 $BT(t,v)$ 的最大值与最小值。

$$BT(t,v)_{max}=3(\text{if } \alpha=1；\beta,\gamma,\delta=0，LoC(t)=3) \tag{6-2}$$

$$BT(t,v)_{min}=0 \tag{6-3}$$

从而我们可以得到，风险因子的可破坏性的取值范围，$BT(t,v)\in\{0,1,2,3\}$。

最后我们给出安全关注的计算公式：

$$SC(t,v)=\text{RoundOff}((BT(t,v)\cdot Sev(v))/3) \tag{6-4}$$

2. 脆弱性

在脆弱性这个元素上，我们提出脆弱性的严重程度（Severity）以及脆弱性的可利用程度（Exploitability）。

表 6-1 列出了脆弱性的严重程度的赋值方法。

表 6-1 脆弱性的严重程度（Sev）赋值

赋值	标识	定 义
5	很高	脆弱性允许通过多个资产对未授权的主体进行物理访问和逻辑访问
4	高	脆弱性允许通过单个资产对未授权的主体进行物理访问和逻辑访问
3	中等	脆弱性允许通过多个资产对未授权的主体进行物理和逻辑之一的访问
2	较低	脆弱性允许通过单个资产对未授权的主体进行物理和逻辑之一的访问
1	低	脆弱性不允许对未授权的主体进行访问

而对于脆弱性的可利用程度（Exp）我们通过以下三个因素的赋值来确定：

（1）访问向量（AR）：代表可能利用此脆弱性的代理（攻击者）对邻近度的要求，它的赋值方式如表 6-2 所示。

表 6-2 AR 的赋值

赋值	含 义
3	发起的攻击需要来自具有相关脆弱性的相同网络的访问
2	攻击可以从包含脆弱性的目标资产所在网络的相邻网络启动
1	攻击可以从连接到目标资产所在的网络（并且这个网络可被访问）的任何网络启动

（2）攻击复杂性（AC）：表明发起成功的攻击所遇到的难度。赋值范围为 $\{1,2,3\}$，参数值越大代表难度越高。

（3）认证级别（AL）：表明要获得对目标资产的访问权限所需的认证的数量，其赋值参考如表 6-3 所示。

表 6－3 AL 的赋值

赋值	含　义
3	不需要认证
2	需要单个实例认证
1	需要多个认证实例

3. 威胁

我们使用威胁发生的可能性(Likelihood of Occurrence)来对威胁赋值,以下简称 LoC。LoC 由两个因素决定,见表 6－4。

表 6－4 LoC 的赋值

参数	描　述
t_p	该威胁引发的事件在过去发生的频率
a_t	受到该威胁影响的资产与威胁的接近程度

对于 t_p,我们使用近五个周期内威胁事件发生的频率来衡量。离当前最近的一个周期分配权重 5,当在该周期内该威胁引发的事件没有发生,则分配 0;发生了 1 次,则分配 1;发生了 2 次,则分配 2,以此类推,直至发生 5 次或以上,则分配 5;而往前推一个周期分配权重 4,按照与前面所述的相同的方式记录发生频率,以此类推直至到往前的第五个周期。周期既可以被看做是"月份",也可以按照"年份"来看,这个根据具体情况或威胁的具体类型来确定。t_p 的计算公式如下:

$$t_p = \text{RoundOff}(\log_n \sum (\text{count}(t) \cdot \text{weight}(\text{period}))) \tag{6-5}$$

注意上式中的 RoundOff 代表四舍五入,count(t)代表该周期内发生的事件的频率,count(t) $\in \{0, 1, 2, 3, 4, 5\}$,而 weight(period)代表该周期的权重,weight(period) $\in \{1, 2, 3, 4, 5\}$。n 代表周期的数目,这里我们为了方便都定为 5。当这五个周期内的每个周期事件均发生五次或五次以上时,我们可以得到 t_p 的最大值即:

$$t_{p(\max)} = \text{RoundOff}(\log_5 (5 \times 5 + 5 \times 4 + 5 \times 3 + 5 \times 2 + 5 \times 1)) = 3 \tag{6-6}$$

而当每个周期内的事件均发生零次时,我们为 t_p 分配值为 1,表明发生频率最低,则我们可以得到 t_p 的取值范围,$t_p \in \{1, 2, 3\}$。

对于 a_t,我们按照表 6－5 来赋值,注意表中的资产均为含有脆弱性的资产。

表 6－5 a_t 的赋值

值	区域名称	描　述
3	危险区	资产最容易受到威胁的影响
2	打击区	资产不容易受到威胁的影响
1	安全区	资产不受到威胁的影响

6.2.2　熵系数法

首先我们对熵进行解释。

假设有 n 个基本事件在样本空间中，我们把基本事件的概率记做 p_i，其中 $i=1, 2,$ $\cdots, n$。我们将这样一种情况记为 $(X; p_1, p_2, \cdots, p_n)$。可以得到一个公式：$\sum_{i=1}^{n} p_i = 1$，$p_i \geqslant 0, i=1, 2, \cdots, n$

我们定义一个函数 H 来表示定义域为它所有的样本空间，而值域则是它在样本空间 $(X; p_1, p_2, \cdots, p_n)$ 的值。这个函数 H 我们用 $H(p_1, p_2, \cdots, p_n)$ 来表示（X 被省略掉），因此函数刻画概率分别为 $p_1, p_2, \cdots, p_n$ 的事件 $w_1, w_2, \cdots, w_n$ 的样本空间的不确定度。用此函数要精确地反应实验结果的不确定度，似乎必须要满足下列三个基本条件：

（i）当 n 是一个常数时，H 是 $(p_1, p_2, \cdots, p_n)$ 的连续函数。

（ii）若 $p_i = \dfrac{1}{n}$，$i=1, 2, \cdots, n$，则对应的 $H(\dfrac{1}{n}, \cdots, \dfrac{1}{n})$ 应当是 H 的单调递增函数。

（iii）如果试验可分为若干试验，则原始 H 值应为相应的各个 H 值的加权之和（Weighted Sum）。

而当三个条件均满足时，此时函数 H 的形式为

$$H(p_1, p_2, \cdots, p_n) = -K \sum_{i=1}^{n} p_i \log p_i \qquad (6-7)$$

这里 K 为常值。上述的事件同样可以理解成"状态"，系统中的不同的状态即是上文中的不同基本事件。

除此之外，熵还具有很多性质，比如非负性、可加性等，此处不做过多介绍。下面我们提出一种满足特殊条件后的熵的计算公式：

当熵满足以下三个条件：

$$H(p_1, p_2, \cdots, p_n) \leqslant \ln n$$
$$H(p_1, p_2, \cdots, p_n) = H(p_1, p_2, \cdots, p_n, 0)$$
$$H(XY) = H(X) + H(Y/X) \qquad (6-8)$$

则有唯一形式为

$$H(p_1, p_2, \cdots, p_n) = -\sum_{i=1}^{n} p_i \log p_i \qquad (6-9)$$

我们用公式（6-10）来表示一个系统的有序程度，并借其来计算每个风险因子的权重，即

$$H_i = -\sum_{j=1}^{n} P_{ij} \ln P_{ij} \qquad (6-10)$$

我们使用公式（6-11）来衡量风险因子的相对重要性，并利用 $\ln n$ 来对公式进行归一化处理，即

$$E_i = -\frac{1}{\ln n} \sum_{j=1}^{n} P_{ij} \ln P_{ij} \qquad (6-11)$$

我们由熵的性质可知，熵值最大，即混乱度越大，该风险因子的评价价值越低（因各个专家的评价差异过大），故我们可以用 $1-E_i$ 作为权重，故归一化后我们得到权值的计算公式为

$$Q_i = \frac{1 - E_i}{m - \sum_{i=1}^{m} E_i} \qquad (6-12)$$

式中，$0 \leqslant Q_i \leqslant 1$，$\sum_{i=1}^{m} Q_i = 1$。

6.3　基于风险因子的信息安全评估模型构建

在基于风险因子的信息安全评估模型的构建中，其评估的基本流程如下。

1. 资产的识别与赋值

资产是构成整个系统的各种元素的组合。资产可以从两个方面来分类，即技术方面和非技术(与人类相关)方面。信息、数据、硬件、软件、物理资产、人员都可以被认为是技术资产；个人所掌握的知识、非官方的表格文件等可以被认为是非技术资产。

作为风险评估量化的重要环节，资产的识别是基础。其目的是要对现有的要评估的信息系统中的各类资产(软件、硬件等)做一个完整的分析后，从而提取出对风险评估量化有用的部分，在这里是要基于非常多的方面的，比如潜在的价值、管理的现状等，这些都需要由专业人员来完成。

对资产而言，存在五个基本属性，即保密性(C)、可用性(I)、完整性(A)、真实性(Au)以及不可否认性(NR)，这五个属性是基于对资产的安全状况的考虑而提出的。在资产赋值的过程中都要根据相关的要求进行分析，以做到科学、合理。以下分别对 C、I、A 的赋值进行说明。

保密性要求(Confidentiality Requirement)：保护信息免遭未经授权的访问或意外泄露。它是一个分级参数，从 1 到 5。其中 1 的值分配给公共可用资产，5 的值分配给高保密性的资产。

完整性要求(Integrity Requirement)：信息的完整性和准确性，即保护信息、数据或传输过程中，不受到未经授权、不受控制或者意外的更改。它是一个渐变参数，从 1 到 5，完整性要求逐渐变高。

可用性要求(Availability Requirement)：确保信息系统以及必要的数据和服务可供授权用户在需要时使用，它是一个分级参数，根据该资产的可用性的要求级别来分配，值的范围为 1 到 5。

而对于其他属性，真实性(Au)即代表对人或数据的真实性的验证。它只有两个值，若没有真实性要求则为 0，若存在资产的真实性要求则为 5。而不可否认性(NR)要求拥有能够防止个人或实体拒绝发送或接受信息、文件的能力。该参数同样也只有两个值，若没有不可否认性要求，则为 0，否则为 5。

除此之外，还有两个重要的属性，即损失影响(Li)以及法律和合同要求(LR)。其中损失影响(Li)定义的是资产的业务需求。在信息系统的运营中，企业资产主要用于业务的正常运行，而如果资产存在的安全漏洞以及有由于其他可能造成损失的原因会使得企业的利益受损，了解损失影响的程度还是非常必要的。在这里我们将损失影响的大小定为 1 到 5 的分级参数，根据对组织造成损失的大小来判断，参数越大则损失越大。法律和合同要求(LR)是组织及其合伙人和服务商必须满足的一套法定和合同要求，例如，在信息系统中由于法律和合同的要求，需要保护组织的重要记录和数据。此参数只有两个值，如果没有该要求则为 0 如果有该要求则为 5。

而在资产的属性中，资产价值表明资产本身的价值，在评估过程中是一个很重要的参考，在这里我们将资产价值简称为 AV(Asset Value)，定义为一个以 SR、BR、LR 为参数组成的函数：

$$AV = \Delta(SR, BR, LR) \tag{6-13}$$

其中 SR 是安全要求；BR 是业务需求，直接带入损失影响(Li)；LR 即上述的法律和合同要求，直接带入即可。

$$SR = \begin{cases} (C + I + A + Au + NR)/5, & \text{if } Au \neq 0, NR \neq 0; \\ (C + I + A + Au)/4, & \text{if } Au \neq 0, NR = 0; \\ (C + I + A + NR)/4, & \text{if } Au = 0, NR \neq 0; \\ (C + I + A)/3, & \text{if } Au = 0, NR = 0 \end{cases} \tag{6-14}$$

AV 的计算公式如下：

$$AV = \begin{cases} \alpha \cdot SR + \beta \cdot BR + \gamma \cdot LR, & \alpha + \beta + \gamma = 1, \text{ if } LR \neq 0; \\ \alpha \cdot SR + \beta \cdot BR, & \alpha + \beta = 1, \text{ if } LR = 0 \end{cases} \tag{6-15}$$

其中 α、β 和 γ 分别是分配给这三个参数的权重，即安全要求、业务要求、法律和合同要求的权重，是由实际情况和企业的要求来定制的。

2. 资产依赖与调整

资产依赖用于模拟企业资产间的关系，它表现为两种宽泛的类型，即物理依赖和逻辑依赖。物理依赖关系包括两种，即连接关系和包含关系；逻辑依赖关系主要是指资产能够以一种或多种方式(读、写、执行)等来完成对另一种资产上的活动。除此之外，每一种依赖关系都可以有两种形态，即完全依赖和部分依赖。简单举例来说明这两种依赖形态的区别：当资产 a_1 只能由资产 a_2 来确定其是否能正常运行的时候，则称为资产 a_1 完全依赖于资产 a_2；而当资产 a_1 可以由资产 a_2 或资产 a_3 之间的任何一个资产来确定其是否能正常运行的时候，则称为资产 a_1 部分依赖于资产 a_2，或资产 a_1 部分依赖于资产 a_3；而当资产 a_1 由资产 a_2 控制其是否能正常运行，并且其所依赖的资产 a_2 有多个冗余实例存在时(即有多个资产 a_2 的副本也同时存在)，也称为资产 a_1 部分依赖于资产 a_2。

依赖关系的存在，会使得资产的各项属性因此而受到影响，而依赖关系所带来的各项调整将在下文中说明。

1) 对于含有物理依赖关系的调整

(1) 当资产 a_1 包含于资产 a_2 时，即 a_2 包含 a_1 时，我们可以按照以下方式调整 a_2 的保密性(C)、完整性(I)和可用性(A)：

$$C(a_2) = \max\{C(a_2), C(a_1)\} \tag{6-16}$$

$$I(a_2) = \max\{I(a_2), I(a_1)\} \tag{6-17}$$

对于可用性(A)的调整需要根据依赖的形态来调整。

当 a_1 完全依赖于 a_2 时，则调整如下：

$$A(a_2) = \max\{A(a_2), A(a_1)\} \tag{6-18}$$

当 a_1 部分依赖于 a_2，并且 $A(a_2) \geqslant A(a_1)$ 时，则 $A(a_2) = A(a_2)$，即此时 a_2 的可用性值保持不变。

当 a_1 部分依赖于 a_2，并且 $A(a_2) < A(a_1)$ 时，则按照如下公式调整 $A(a_2)$：

$$A(a_2) = (A(a_2) \cdot \mathrm{count}(a_i \text{ such that } A(a_i) < A(a_1), i \neq 1)$$
$$+ A(a_1) \cdot \mathrm{count}(\mathrm{redundancy}(a_1))/(\mathrm{count}(a_i \text{ such that } A(a_i) < A(a_1))$$
$$+ \mathrm{count}(\mathrm{redundancy}(a_1)) \tag{6-19}$$

在这里 $\mathrm{count}(a_i \text{ such that } A(a_i) < A(a_1), i \neq 1)$ 代表可用性小于 a_1 的资产的数目；$\mathrm{count}(\mathrm{redundancy}(a_1))$ 代表 a_1 的冗余实例的数目。

（2）当资产 a_1 连接于资产 a_2 时，比如当一个硬件或网络资产连接到另一个硬件或网络资产时，就会发生这样的情况，而连接类型也可以是有线、无线或直接（USB、HDMI 等）。在这种情况下我们可以按式（6-20）对 a_2 的保密性（A）、完整性（I）和可用性（A）进行调整：

$$C(a_2) = \max\{C(a_1), C(a_2)\} \tag{6-20}$$

在连接关系中，由于完整性的破坏不会导致所连接的硬件或网络资产受到影响，所以完整性值无需改动；而可用性可按照包含关系调整，这里不做赘述。

2）对于含有逻辑依赖关系的调整

在信息系统中，很多情况下，资产需要对另一资产进行访问，而访问方式包括读取、写入、修改、追加、删除或者执行，这种依赖关系我们称之为逻辑依赖。

我们基于以下两种假设[9]来对逻辑依赖进行调整：假设一，包含于资产 a_2 中的资产 a_1 要访问资产 a_4 中的资产 a_3，则资产 a_1 必须获得在资产 a_4 上面的授权；假设二，我们提出的这种基于访问的逻辑依赖性与是"本地"访问还是"远程"访问无关。本地访问是指在同一硬件资产内的访问，而远程访问则是多个硬件资产间的访问。

基于 Bell-Lapadula 安全规则[10]，我们提出以下调整方式。

（1）若资产 a_1 需要读或执行资产 a_2，则保密性必须满足以下公式：

$$C(a_1) = \max\{C(a_1), C(a_2)\} \tag{6-21}$$

（2）若资产 a_1 需要写入、修改、追加或者删除资产 a_2，则完整性必须满足以下公式：

$$I(a_2) = \max\{I(a_1), I(a_2)\} \tag{6-22}$$

（3）若资产 a_1 需要写入、修改或者删除资产 a_2，则可用性必须满足以下公式：

$$A(a_2) = \max\{A(a_1), A(a_2)\} \tag{6-23}$$

3. 脆弱性识别与赋值

我们按照如下公式计算脆弱性 v 的可利用性（Exp）：

$$\mathrm{Exp}(v) = \mathrm{RoundOff}(\mathrm{lb}(AR)) + \mathrm{RoundOff}(\mathrm{lb}(AC)) + \mathrm{RoundOff}(\mathrm{lb}(AL))$$
$$\tag{6-24}$$

在上式子中 RoundOff 代表向小取整，经过简单的计算我们可以知道，脆弱性 v 的可利用性的取值范围：$\mathrm{Exp}(v) \in \{0, 1, 2, 3\}$。

4. 脆弱性依赖识别与调整

我们将脆弱性之间的依赖关系假设为这两种形式：析取依赖和合取依赖。

1）析取依赖

脆弱性 v_1 和 $\{v_2, v_3, \cdots, v_n\}$ 之间的依赖关系在这种情况下会被称为析取依赖：仅当 $\{v_2, v_3, \cdots, v_n\}$ 中的任何一个已被利用时，v_1 才能被利用。在析取依赖中，我们按照下式

调整脆弱性 v_1 的可利用性。

$$\mathrm{Exp}_{\max} = \max\{\mathrm{Exp}(v_2), \cdots, \mathrm{Exp}(v_n)\} \tag{6-25}$$

$$\mathrm{Exp}(v_1) = \mathrm{avg}\{\mathrm{Exp}(v_1), \mathrm{Exp}_{\max}\} \tag{6-26}$$

注意在上式中 $\mathrm{Exp}(v_i)$ 表示脆弱性 v_i 的可利用性。

2）合取依赖

脆弱性 v_1 和 $\{v_2, v_3, \cdots, v_n\}$ 之间的依赖关系在这种情况下会被称为合取依赖：当且仅当所有 $\{v_2, v_3, \cdots, v_n\}$ 中的脆弱性都被利用时，v_1 才能被利用。在合取依赖中，我们按照下式调整脆弱性 v_1 的可利用性。

$$\mathrm{Exp}(v_1, v_2) = \mathrm{avg}\{\mathrm{Exp}(v_1), \mathrm{Exp}(v_2)\},$$

$$\mathrm{Exp}(v_1, v_3) = \mathrm{avg}\{\mathrm{Exp}(v_1), \mathrm{Exp}(v_3)\},$$

$$\vdots$$

$$\mathrm{Exp}(v_1, v_n) = \mathrm{avg}\{\mathrm{Exp}(v_1), \mathrm{Exp}(v_n)\}.$$

$$\mathrm{Exp}(v_1) = \log_m(\mathrm{Exp}(v_1, v_2) \cdot \mathrm{Exp}(v_1, v_3) \cdot \cdots \cdot \mathrm{Exp}(v_1, v_n)) \tag{6-27}$$

上式中 $\mathrm{Exp}(v_i)(i=1, 2, \cdots, n)$ 表示脆弱性 v_i 的可利用性，m 代表 $\mathrm{Exp}(v_1, v_2)$，$\mathrm{Exp}(v_1, v_3)$，$\cdots$，$\mathrm{Exp}(v_1, v_n)$ 的个数。

5. 威胁评估

威胁 t 发生的可能性 LoC 按照以下公式进行计算：

$$\mathrm{LoC}(t) = \mathrm{RoundOff}(\mathrm{lb}(t_p \cdot a_t)) \tag{6-28}$$

式中 RoundOff 代表向小取整，我们同样可以简单地对 $\mathrm{LoC}(t)$ 的最大值和最小值进行计算：

$$\mathrm{LoC}(t)_{\max} = \mathrm{RoundOff}(\mathrm{lb}(3 \times 3)) = 3 \tag{6-29}$$

$$\mathrm{LoC}(t)_{\min} = \mathrm{RoundOff}(\mathrm{lb}(1 \times 1)) = 0 \tag{6-30}$$

因此，我们可以得到 $\mathrm{LoC}(t)$ 的取值范围，$\mathrm{LoC}(t) \in \{0, 1, 2, 3\}$。

6. 风险因子的计算与提取

我们将威胁-脆弱性对合起来定义为风险因子，而风险因子都有一个值，我们将这个值定义为安全关注（Security Concern），以下简称 SC，它代表脆弱性被威胁利用后所带来的安全影响。它将由其脆弱性的严重程度（Sev）和该风险因子的可破坏性（Destructibility）来计算得到。SC 的计算公式如下：

综合考虑表 6-1、式（6-2）和式（6-3）我们可以得到安全关注的最大值和最小值：

$$\mathrm{SC}(t, v)_{\max} = \mathrm{RoundOff}((3 \times 5)/3) = 5 \tag{6-31}$$

$$\mathrm{SC}(t, v)_{\min} = \mathrm{RoundOff}((0 \times 1)/3) = 0 \tag{6-32}$$

式中 RoundOff 代表向小取整，我们可以得到安全关注的取值范围，$\mathrm{SC}(t, v) \in \{0, 1, 2, 3, 4, 5\}$。

7. 综合风险因子的计算

当资产的所有风险因子都被识别和计算后，我们可以根据风险因子所属的资产，为资产提取一个综合风险因子（Consolidated Risk Factor），简称为 $\mathrm{RF}_{\mathrm{con}}$，计算公式如下：

当 $SC_{max} \neq 0$ 时，RF_{con} 的计算公式为：

$$RF_{con} = RoundOff(lb(AV \cdot SC_{max})) \quad (6-33)$$

当 $SC_{max} = 0$ 时，RF_{con} 的计算公式为：

$$RF_{con} = 0 \quad (6-34)$$

式中 RoundOff 代表向小取整，其中 SC_{max} 代表该资产的所有风险因子的安全关注值（SC）中的最大值，另外，综合风险因子的等级划分如表 6-6 所示。

表 6-6　RF_{con} 的等级划分

值的范围	等级
$RF_{con} \leqslant 2$	低
$RF_{con} \geqslant 4$	高
$2 < RF_{con} < 4$	中

8. 风险度的隶属矩阵

求风险因子的隶属矩阵，具体步骤如下：

（1）新建一个空矩阵，这个空矩阵的大小为 m 行 n 列，其中 m 是风险因子的个数，n 为等级的个数，这里我们假设 n 为 6。则第一列标注为等级"无"，第二列标注为等级"低"，第三列标注为等级"较低"，第四列标注为等级"中等"，第五列标注为等级"较高"，第六列标注为等级"高"，代表 SC 的取值范围 $SC(t, v) \in \{0, 1, 2, 3, 4, 5\}$。

（2）统计在风险因子矩阵中，对于每一个风险因子隶属于各等级的个数，记为 v_j，其中 $j = 1, 2, \cdots, 6$。

（3）通过下式计算风险度的隶属矩阵中的元素。

$$r_{ij} = \frac{v_j}{n} \quad (6-35)$$

上式中，v_j 即（2）中的 v_j，n 代表专家的个数。

（4）填入新建好的空矩阵，即可得到风险度的隶属矩阵，如公式（6-38）。

$$\begin{bmatrix} r_{11} & r_{12} & \cdots & r_{1n} \\ r_{21} & r_{22} & \cdots & r_{2n} \\ \vdots & \vdots & & \vdots \\ r_{m1} & r_{m2} & \cdots & r_{mn} \end{bmatrix} \quad (6-36)$$

9. 系统风险值的计算

我们通过熵系数法计算得到各风险因子的权重为 $\boldsymbol{A} = (a_1, a_2, \cdots, a_n)$，根据企业的业务战略、信息系统的特点以及实际情况[17]对评价集中的元素赋予相应的权重，得到评价集的指标向量 $\boldsymbol{B} = (b_1, b_2, \cdots, b_n)$，其中 n 为在风险评估中评价集中元素的个数。最后由公式（6-37）求出系统的风险值：

$$R = A \cdot P \cdot B^T \quad (6-37)$$

由表 6-7 可得系统风险等级。

表 6-7　系统风险等级

R 的范围	等级
$0 < R \leqslant 0.2$	低
$0.2 \leqslant R < 0.4$	较低
$0.4 \leqslant R < 0.6$	中
$0.6 \leqslant R < 0.8$	较高
$0.8 \leqslant R < 1$	高

6.4　综合风险因子评估案例

该案例的评估对象是一个信息系统，为了能够更加直观地展示评估效果，将该信息系统的结构图给出，其中双向箭头代表连接，具体各部分的依赖关系见图 6-1。

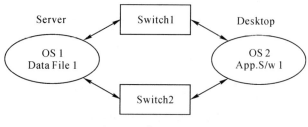

图 6-1　信息系统结构

6.4.1　资产的识别与赋值

根据图 6-1 识别出的资产，如表 6-8 所示。

表 6-8　资产说明

资产 ID	资产名	中文描述	冗余实例个数
Hw1	Server	服务器	3
Hw2	Desktop	桌面（客户端）	3
Hw3	Switch1	交换机	1
Hw4	Switch2	交换机	1
Sw1	OS 1	操作系统	3
Sw2	OS 2	操作系统	3
Sw3	App. S/w 1	客户端 App 软件	3
In1	Data File 1	数据文件	3

根据信息系统的实际情况，我们对已经识别出的八个资产进行赋值，赋值结果见表6-9。

表 6-9　资产赋值结果

资产 ID	C	I	A	Au	NR	LR	BR
Hw1	5	5	5	5	5	5	5
Hw2	2	2	3	0	0	0	2
Hw3	2	2	2	0	0	0	3
Hw4	2	2	2	0	0	0	3

资产 ID	C	I	A	Au	NR	LR	BR
Sw1	5	5	5	0	0	5	5
Sw2	2	2	2	0	0	0	2
Sw3	2	2	3	5	5	5	5
In1	5	5	5	5	5	5	5

6.4.2 资产依赖与调整

根据实际的运行情况，资产中存在着依赖关系，在表 6-10 中给出依赖关系以供调整。

表 6-10 资产依赖关系

资产 1	依赖关系	资产 2
Hw1	连接并部分依赖于	Hw3
Hw2	连接并部分依赖于	Hw3
Hw2	连接并部分依赖于	Hw4
Hw1	连接并部分依赖于	Hw4
Hw3	连接并完全依赖于	Hw1
Hw3	连接并完全依赖于	Hw2
Hw4	连接并完全依赖于	Hw2
Hw4	连接并完全依赖于	Hw1
Sw1	包含并完全依赖于	Hw1
In1	包含并完全依赖于	Hw1
Sw2	包含并完全依赖于	Hw2
Sw3	包含并完全依赖于	Hw2
Hw1	写入、修改、追加、删除	Hw2
Hw2	读、执行	In1
Sw1	写入、修改、追加、删除	Sw3

注意表中所说的包含关系都是"包含于"的意思。

根据我们前面所提出的调整方法，由公式对赋值进行调整，可以得到调整后的结果，由于调整过程较复杂不在此列出，调整后结果如下表 6-11。

表 6 - 11　调整后的资产赋值

资产 ID	C	I	A	Au	NR	LR	BR
Hw1	5	5	5	5	5	5	5
Hw2	5	5	5	0	0	0	2
Hw3	5	2	3	0	0	0	3
Hw4	5	2	3	0	0	0	3
Sw1	5	5	5	0	0	5	5
Sw2	2	2	2	0	0	0	2
Sw3	2	5	5	5	5	5	5
In1	5	5	5	5	5	5	5

我们对资产评估中的 α、β、γ 赋值，使 $\alpha=0$；$\beta=0.5$；$\gamma=0.5$，然后我们由公式 (6 - 40)计算 Sw3 的资产价值：

$$AV(Sw3) = \alpha \cdot SR + \beta \cdot BR + \gamma \cdot LR$$
$$= \alpha \cdot (C+I+A+Au+NR)/5 + \beta \cdot BR + \gamma \cdot LR$$
$$= 0 \times (2+5+5+5+5)/5 + 0.5 \times 5 + 0.5 \times 5 = 5 \qquad (6-38)$$

6.4.3　脆弱性识别与赋值

在这个信息系统中为了简化计算仅提取出两个脆弱性，如表 6 - 12 所示。

表 6 - 12　脆弱性赋值

资产 ID	脆弱性 ID	脆弱性名称	中文描述	Sev	AR	AC	AL
Sw3	v_1	Widely distributed software	广泛分布的软件	2	3	3	3
Sw3	v_2	Applying application programs to the wrong data in terms of time	在时间上将应用程序应用于错误的数据	4	3	3	3

我们可以根据表 6 - 12 计算得到脆弱性 v_1 和脆弱性 v_2 的可利用程度：

$$Exp(v_1) = RoundOff(lb3) + RoundOff(lb3) + RoundOff(lb3) = 3$$
$$Exp(v_2) = RoundOff(lb3) + RoundOff(lb3) + RoundOff(lb3) = 3$$

6.4.4　脆弱性依赖识别与调整

依据实际情况，v_1 析取依赖于 v_2，计算得到：

$$Exp_{max} = max\{Exp(v_2)\} = 3, Exp(v_1) = avg\{Exp(v_1), Exp_{max}\} = avg\{3, 3\} = 3$$

6.4.5　威胁评估

这里提出来一个威胁，如表 6 - 13 所示。

表 6 - 13 威胁赋值

威胁 ID	威胁名称	中文描述	t_p	a_t	Mvn	Res
t_1	Corruption of data	数据腐败	3	3	0	0

由公式(6-39)计算威胁 t_1 的发生的可能性：

$$\text{LoC}(t_1) = \text{RoundOff}(\text{lb}(t_p \cdot a_t)) = \text{RoundOff}(\text{lb}(3 \cdot 3)) = 3 \quad (6-39)$$

6.4.6 风险因子的提取与计算

根据信息系统的具体情况，提取出来两个风险因子如表 6-14 所示。

表 6 - 14 威胁-脆弱性对

资产 ID	脆弱性 ID	威胁 ID
Sw3	v_1	t_1
Sw3	v_2	t_1

根据企业要求，对 α、β、γ、δ 赋值：

$$\alpha = 0.5; \quad \beta = 0; \quad \gamma = 0; \quad \delta = 0.5$$

我们可以计算两个风险因子的可破坏性：

$$\text{BT}(t_1, v_1) = (\alpha \cdot \text{LoC}(t_1) + \beta \cdot \text{Mvn}(t_1) + \gamma \cdot \text{Res}(t_1) + \delta \cdot \text{Exp}(v_1))$$
$$= 0.5 \times 3 + 0.5 \times 3 = 1.5 + 1.5 = 3$$
$$\text{BT}(t_1, v_2) = (\alpha \cdot \text{LoC}(t_1) + \beta \cdot \text{Mvn}(t_1) + \gamma \cdot \text{Res}(t_1) + \delta \cdot \text{Exp}(v_2))$$
$$= 0.5 \times 3 + 0.5 \times 3 = 1.5 + 1.5 = 3$$

然后我们可以计算得到这两个风险因子的安全关注：

$$\text{SC}(t_1, v_1) = \frac{\text{BT}(t_1, v_1) \cdot \text{Sev}(v_1)}{3} = \frac{3 \times 2}{3} = 2$$
$$\text{SC}(t_1, v_2) = \frac{\text{BT}(t_1, v_2) \cdot \text{Sev}(v_2)}{3} = \frac{3 \times 4}{3} = 4$$

6.4.7 综合风险因子的计算

提取出的两个风险因子所属资产是同一个，我们可以由公式计算得到一个综合风险因子如下：

$$\text{RF}_{\text{con}}(\text{Sw3}) = \text{RoundOff}(\text{lb}(\text{AV} \cdot \text{SC}_{\text{max}}))$$
$$= \text{RoundOff}(\text{lb}(\text{AV} \cdot \max\{\text{SC}(t_1, v_1), \text{SC}(t_1, v_2)\}))$$
$$= \text{RoundOff}(\text{lb}(5 \times \max\{2, 4\}))$$
$$= \text{RoundOff}(\text{lb}(5 \times 4))$$
$$= 4$$

得到资产 Sw3 的综合风险因子的值为 4，可知该综合风险因子的风险等级为高。

6.5　系统风险评估案例

这里我们给出一个用于系统风险评估的案例，由四位专家进行评估。

6.5.1　资产评估

为了计算方便，更突出系统风险评估的特点，在这里忽略了资产之间的依赖关系，识别出的资产及相应信息如表 6 - 15 所示，赋值信息如表 6 - 16 所示。

表 6 - 15　资产说明

资产 ID	资产名	中文描述	冗余实例个数
Hw1	Server	服务器	2
Hw2	Server	服务器	2
Hw3	Printer	打印机	0
Hw4	Switch2	交换机	0
Sw1	OS 1	操作系统	0
Sw2	OS 2	操作系统	0
Sw3	App. S/w 1	客户端 App 软件	0
In1	Data File 1	数据文件	0
In2	Data File 2	数据文件	0

表 6 - 16　资产赋值

资产 ID	C	I	A	Au	NR	LR	BR
Hw1	5	5	5	5	5	5	5
Hw2	2	2	2	0	0	0	2
Hw3	2	2	4	0	0	0	3
Sw1	5	5	5	0	0	5	5
Sw2	2	2	2	0	0	0	2
Sw3	5	5	5	5	5	5	5
In1	5	5	5	5	5	5	5
In2	5	5	5	5	5	5	5

我们对相关参数赋值，用来计算资产价值（AV）。

$$\text{if LR} \neq 0, \alpha = 0.5, \beta = 0.25, \gamma = 0.25$$

$$\text{if LR} = 0, \alpha = 0.5, \beta = 0.5$$

然后我们对各个资产的安全要求和资产值进行计算：

$SR(Hw1) = (C+I+A+Au+NR)/5 = (5+5+5+5+5)/5 = 5$

$AV(Hw1) = \alpha \cdot SR + \beta \cdot LR + \gamma \cdot BR = 0.5 \times 5 + 0.25 \times 5 + 0.25 \times 5 = 5$

$SR(Hw2) = (C+I+A)/3 = (2+2+2)/3 = 2$

$AV(Hw2) = \alpha \cdot SR + \beta \cdot BR = 0.5 \times 2 + 0.5 \times 2 = 2$

$SR(Hw3) = (C+I+A)/3 = (2+2+4)/3 = 2.7 \approx 2$

$AV(Hw3) = \alpha \cdot SR + \beta \cdot BR = 0.5 \times 2 + 0.5 \times 3 = 2.5 \approx 2$

$SR(Sw1) = (C+I+A)/3 = (5+5+5)/3 = 5$

$AV(Sw1) = \alpha \cdot SR + \beta \cdot LR + \gamma \cdot BR = 0.5 \times 5 + 0.25 \times 5 + 0.25 \times 5 = 5$

$SR(Sw2) = (C+I+A)/3 = (2+2+2)/3 = 2$

$AV(Sw2) = \alpha \cdot SR + \beta \cdot BR = 0.5 \times 2 + 0.5 \times 2 = 2$

$SR(Sw3) = (C+I+A+Au+NR)/5 = (5+5+5+5+5)/5 = 5$

$AV(Sw3) = \alpha \cdot SR + \beta \cdot LR + \gamma \cdot BR = 0.5 \times 5 + 0.25 \times 5 + 0.25 \times 5 = 5$

$SR(In1) = (C+I+A+Au+NR)/5 = (5+5+5+5+5)/5 = 5$

$AV(In1) = \alpha \cdot SR + \beta \cdot LR + \gamma \cdot BR = 0.5 \times 5 + 0.25 \times 5 + 0.25 \times 5 = 5$

$SR(In2) = (C+I+A+Au+NR)/5 = (5+5+5+5+5)/5 = 5$

$AV(In2) = \alpha \cdot SR + \beta \cdot LR + \gamma \cdot BR = 0.5 \times 5 + 0.25 \times 5 + 0.25 \times 5 = 5$

6.5.2 脆弱性评估

首先我们提取出脆弱性，然后由四位专家分别赋值。为了计算简便，这里忽略了脆弱性之间的依赖关系。我们提取出五个脆弱性，如表 6 - 17 所示。

表 6 - 17 脆弱性说明

资产 ID	脆弱性 ID	脆弱性名称	中文描述
Hw1	v_1	Susceptibility to Voltage variations	对电压变化的敏感性
Sw1	v_2	Widely-distributed software	广泛分布的软件
Sw1	v_3	Applying application programs to the wrong data in terms of time	在时间上将应用程序应用于错误的数据
Hw2	v_4	Unprotected storage	存储无保护
Hw2	v_5	Lack of care at disposal	对处置缺乏关注

第一位专家赋值如表 6 - 18 所示。

表 6 - 18 第一位专家脆弱性评估表

资产 ID	脆弱性 ID	Sev	AR	AC	AL
Hw1	v_1	2	3	3	3
Sw1	v_2	2	3	3	3
Sw1	v_3	4	2	2	2
Hw2	v_4	3	2	2	1
Hw2	v_5	4	2	3	1

对这五个脆弱性分别求可利用程度：

$\text{Exp}(v_1) = \text{RoundOff}(\text{lb}3) + \text{RoundOff}(\text{lb}3) + \text{RoundOff}(\text{lb}3) = 3$

$\text{Exp}(v_2) = \text{RoundOff}(\text{lb}3) + \text{RoundOff}(\text{lb}3) + \text{RoundOff}(\text{lb}3) = 3$

$\text{Exp}(v_3) = \text{RoundOff}(\text{lb}2) + \text{RoundOff}(\text{lb}2) + \text{RoundOff}(\text{lb}2) = 3$

$\text{Exp}(v_4) = \text{RoundOff}(\text{lb}2) + \text{RoundOff}(\text{lb}2) + \text{RoundOff}(\text{lb}1) = 2$

$\text{Exp}(v_5) = \text{RoundOff}(\text{lb}2) + \text{RoundOff}(\text{lb}3) + \text{RoundOff}(\text{lb}1) = 2$

第二位专家赋值如表 6-19 所示。

表 6-19　第二位专家脆弱性评估表

资产 ID	脆弱性 ID	Sev	AR	AC	AL
Hw1	v_1	3	3	3	3
Sw1	v_2	3	2	1	1
Sw1	v_3	4	2	1	3
Hw2	v_4	3	1	2	3
Hw2	v_5	3	2	2	2

对这五个脆弱性分别求可利用程度：

$\text{Exp}(v_1) = \text{RoundOff}(\text{lb}3) + \text{RoundOff}(\text{lb}3) + \text{RoundOff}(\text{lb}3) = 3$

$\text{Exp}(v_2) = \text{RoundOff}(\text{lb}2) + \text{RoundOff}(\text{lb}1) + \text{RoundOff}(\text{lb}1) = 1$

$\text{Exp}(v_3) = \text{RoundOff}(\text{lb}2) + \text{RoundOff}(\text{lb}1) + \text{RoundOff}(\text{lb}3) = 2$

$\text{Exp}(v_4) = \text{RoundOff}(\text{lb}1) + \text{RoundOff}(\text{lb}2) + \text{RoundOff}(\text{lb}3) = 2$

$\text{Exp}(v_5) = \text{RoundOff}(\text{lb}2) + \text{RoundOff}(\text{lb}2) + \text{RoundOff}(\text{lb}2) = 3$

第三位专家赋值如表 6-20 所示。

表 6-20　第三位专家脆弱性评估表

资产 ID	脆弱性 ID	Sev	AR	AC	AL
Hw1	v_1	3	3	3	3
Sw1	v_2	3	2	3	3
Sw1	v_3	3	2	2	2
Hw2	v_4	3	1	2	3
Hw2	v_5	4	1	2	3

对这五个脆弱性分别求可利用程度：

$\text{Exp}(v_1) = \text{RoundOff}(\text{lb}3) + \text{RoundOff}(\text{lb}3) + \text{RoundOff}(\text{lb}3) = 3$

$\text{Exp}(v_2) = \text{RoundOff}(\text{lb}2) + \text{RoundOff}(\text{lb}3) + \text{RoundOff}(\text{lb}3) = 3$

$\text{Exp}(v_3) = \text{RoundOff}(\text{lb}2) + \text{RoundOff}(\text{lb}2) + \text{RoundOff}(\text{lb}2) = 3$

$\text{Exp}(v_4) = \text{RoundOff}(\text{lb}1) + \text{RoundOff}(\text{lb}2) + \text{RoundOff}(\text{lb}3) = 2$

$\text{Exp}(v_5) = \text{RoundOff}(\text{lb}1) + \text{RoundOff}(\text{lb}2) + \text{RoundOff}(\text{lb}3) = 2$

第四位专家赋值如表 6-21 所示。

表 6 - 21   第四位专家脆弱性评估表

资产 ID	脆弱性 ID	Sev	AR	AC	AL
Hw1	v_1	2	2	2	2
Sw1	v_2	2	2	2	2
Sw1	v_3	3	1	2	2
Hw2	v_4	4	2	2	1
Hw2	v_5	4	1	2	1

对这五个脆弱性分别求可利用程度：

$\mathrm{Exp}(v_1)=\mathrm{RoundOff(lb2)}+\mathrm{RoundOff(lb2)}+\mathrm{RoundOff(lb2)}=3$

$\mathrm{Exp}(v_2)=\mathrm{RoundOff(lb2)}+\mathrm{RoundOff(lb2)}+\mathrm{RoundOff(lb2)}=3$

$\mathrm{Exp}(v_3)=\mathrm{RoundOff(lb1)}+\mathrm{RoundOff(lb2)}+\mathrm{RoundOff(lb2)}=2$

$\mathrm{Exp}(v_4)=\mathrm{RoundOff(lb2)}+\mathrm{RoundOff(lb2)}+\mathrm{RoundOff(lb1)}=2$

$\mathrm{Exp}(v_5)=\mathrm{RoundOff(lb1)}+\mathrm{RoundOff(lb2)}+\mathrm{RoundOff(lb1)}=1$

6.5.3　威胁评估

根据信息系统的实际情况我们识别出三个威胁，如表 6 - 22 所示。

表 6 - 22   威胁描述

威胁 ID	威胁名称	中文描述	t_p
t_1	Loss of power supply	电源丢失	2
t_2	Corruption of data	数据腐败	3
t_3	Theft of media or documents	媒体或文件被盗窃	3

第一位专家赋值如表 6 - 23 所示。

表 6 - 23   第一位专家威胁赋值表

威胁 ID	a_t	Mvn	Res
t_1	2	0	0
t_2	3	0	0
t_3	3	0	0

计算威胁 t_1，t_2，t_3 的发生的可能性：

$\mathrm{LoC}(t_1)=\mathrm{RoundOff}(\mathrm{lb}(t_p \cdot a_t))=\mathrm{RoundOff}(\mathrm{lb}(2\times2))=2$

$\mathrm{LoC}(t_2)=\mathrm{RoundOff}(\mathrm{lb}(t_p \cdot a_t))=\mathrm{RoundOff}(\mathrm{lb}(3\times3))=3$

$\mathrm{LoC}(t_3)=\mathrm{RoundOff}(\mathrm{lb}(t_p \cdot a_t))=\mathrm{RoundOff}(\mathrm{lb}(3\times3))=3$

第二位专家赋值如表 6 - 24 所示。

表 6－24　第二位专家威胁赋值表

威胁 ID	a_t	Mvn	Res
t_1	3	0	0
t_2	2	0	0
t_3	2	0	0

计算威胁 t_1，t_2，t_3 的发生的可能性：

$\text{LoC}(t_1) = \text{RoundOff}(\text{lb}(t_p \cdot a_t)) = \text{RoundOff}(\text{lb}(2 \times 3)) = 2$

$\text{LoC}(t_2) = \text{RoundOff}(\text{lb}(t_p \cdot a_t)) = \text{RoundOff}(\text{lb}(3 \times 2)) = 2$

$\text{LoC}(t_3) = \text{RoundOff}(\text{lb}(t_p \cdot a_t)) = \text{RoundOff}(\text{lb}(3 \times 2)) = 2$

第三位专家赋值如表 6－25 所示。

表 6－25　第三位专家威胁赋值表

威胁 ID	a_t	Mvn	Res
t_1	1	0	0
t_2	2	0	0
t_3	2	0	0

计算威胁 t_1，t_2，t_3 的发生的可能性：

$\text{LoC}(t_1) = \text{RoundOff}(\text{lb}(t_p \cdot a_t)) = \text{RoundOff}(\text{lb}(2 \times 1)) = 1$

$\text{LoC}(t_2) = \text{RoundOff}(\text{lb}(t_p \cdot a_t)) = \text{RoundOff}(\text{lb}(3 \times 2)) = 2$

$\text{LoC}(t3) = \text{RoundOff}(\text{lb}(t_p \cdot a_t)) = \text{RoundOff}(\text{lb}(3 \times 2)) = 2$

第四位专家赋值如表 6－26 所示。

表 6－26　第四位专家威胁赋值表

威胁 ID	a_t	Mvn	Res
t_1	2	0	0
t_2	2	0	0
t_3	2	0	0

计算威胁 t_1，t_2，t_3 的发生的可能性：

$\text{LoC}(t_1) = \text{RoundOff}(\text{lb}(t_p \cdot a_t)) = \text{RoundOff}(\text{lb}(2 \times 2)) = 2$

$\text{LoC}(t_2) = \text{RoundOff}(\text{lb}(t_p \cdot a_t)) = \text{RoundOff}(\text{lb}(3 \times 2)) = 2$

$\text{LoC}(t_3) = \text{RoundOff}(\text{lb}(t_p \cdot a_t)) = \text{RoundOff}(\text{lb}(3 \times 2)) = 2$

6.5.4　风险因子的提取与计算

根据信息系统的具体情况，这里我们提取出来五个风险因子，如表 6－27 所示。

表 6 - 27 风险因子

资产 ID	脆弱性 ID	威胁 ID
Hw1	v_1	t_1
Sw1	v_2	t_2
Sw1	v_3	t_2
Hw2	v_4	t_3
Hw2	v_5	t_3

这里所有专家的对风险因子的相关参数均为：

$$\alpha = 0.5；\beta = 0；\gamma = 0；\delta = 0.5。$$

根据计算，可以得到所有专家评价后的风险因子的值（SC）的矩阵为：

$$\begin{bmatrix} 1 & 2 & 2 & 1 \\ 2 & 1 & 2 & 1 \\ 4 & 2 & 2 & 2 \\ 2 & 2 & 2 & 2 \\ 2 & 2 & 2 & 1 \end{bmatrix}$$

6.5.5 风险度的隶属矩阵

根据风险度的隶属矩阵的求取方法，我们可以求得如下矩阵：

$$\begin{bmatrix} 0 & 0.5 & 0.5 & 0 & 0 & 0 \\ 0 & 0.5 & 0.5 & 0 & 0 & 0 \\ 0 & 0 & 0.75 & 0 & 0.25 & 0 \\ 0 & 0 & 1 & 0 & 0 & 0 \\ 0 & 0.25 & 0.75 & 0 & 0 & 0 \end{bmatrix}$$

6.5.6 风险因子的权重

我们根据风险度的隶属矩阵来计算风险因子的权重：

$$H_1 = -\sum_{j=1}^{6} P_{ij} \ln P_{ij} = -(0.5 \cdot \ln(0.5) + 0.5 \cdot \ln(0.5)) = 0.6931$$

$$H_2 = -\sum_{j=1}^{6} P_{ij} \ln P_{ij} = -(0.5 \cdot \ln(0.5) + 0.5 \cdot \ln(0.5)) = 0.6931$$

$$H_3 = -\sum_{j=1}^{6} P_{ij} \ln P_{ij} = -(0.75 \cdot \ln(0.75) + 0.25 \cdot \ln(0.25)) = 0.5623$$

$$H_4 = -\sum_{j=1}^{6} P_{ij} \ln P_{ij} = -1 \cdot \ln(1) = 0$$

$$H_5 = -\sum_{j=1}^{6} P_{ij} \ln P_{ij} = -(0.75 \cdot \ln(0.75) + 0.25 \cdot \ln(0.25)) = 0.5623$$

对风险因子的相对重要程度进行计算：

$$E_1 = \frac{H_1}{\ln 4} = 0.5000$$

$$E_2 = \frac{H_2}{\ln 4} = 0.5000$$

$$E_3 = \frac{H_3}{\ln 4} = 0.4056$$

$$E_4 = \frac{H_4}{\ln 4} = 0$$

$$E_5 = \frac{H_5}{\ln 4} = 0.4056$$

最后计算得到每个风险因子的权重为：

$$Q_1 = \frac{1 - E_1}{5 - \sum_{i=1}^{5} E_i} = \frac{1 - 0.5000}{3.1888} = 0.1568$$

$$Q_2 = \frac{1 - E_2}{5 - \sum_{i=1}^{5} E_i} = \frac{1 - 0.5000}{3.1888} = 0.1568$$

$$Q_3 = \frac{1 - E_3}{5 - \sum_{i=1}^{5} E_i} = \frac{1 - 0.4056}{3.1888} = 0.1864$$

$$Q_4 = \frac{1 - E_4}{5 - \sum_{i=1}^{5} E_i} = \frac{1 - 0}{3.1888} = 0.3136$$

$$Q_5 = \frac{1 - E_5}{5 - \sum_{i=1}^{5} E_i} = \frac{1 - 0.4056}{3.1888} = 0.1864$$

6.5.7　系统风险值的计算

根据企业要求，令评价集的权重为(0.05，0.05，0.15，0.15，0.3，0.3)，计算可得系统的风险值为 0.13665。

$$
\begin{bmatrix} 0.1568 & 0.1568 & 0.1864 & 0.3136 & 0.1864 \end{bmatrix} \cdot
\begin{bmatrix} 0 & 0.5 & 0.5 & 0 & 0 & 0 \\ 0 & 0.5 & 0.5 & 0 & 0 & 0 \\ 0 & 0 & 0.75 & 0 & 0.25 & 0 \\ 0 & 0 & 1 & 0 & 0 & 0 \\ 0 & 0.25 & 0.75 & 0 & 0 & 0 \end{bmatrix}
\begin{bmatrix} 0.05 \\ 0.05 \\ 0.15 \\ 0.15 \\ 0.3 \\ 0.3 \end{bmatrix} = 0.13665
$$

由表 6-7 得到该系统风险等级为低。

6.5.8 代码实现(Matlab)

本节根据 6.4 节所述,对于基于风险因子的风险评估流程进行实现。采用 6.5 案例中的具体数据,用 Matlab 进行模型的实现。综合考虑专家评价权重和风险因子权重,给出系统风险等级。其代码编程如下:

```matlab
function varargout = clw(varargin)
gui_Singleton = 1;
gui_State = struct('gui_Name',          mfilename, ...
                   'gui_Singleton',    gui_Singleton, ...
                   'gui_OpeningFcn',   @clw_OpeningFcn, ...
                   'gui_OutputFcn',    @clw_OutputFcn, ...
                   'gui_LayoutFcn',    [] , ...
                   'gui_Callback',     []);
if nargin && ischar(varargin{1})
    gui_State.gui_Callback = str2func(varargin{1});
end
if nargout
    [varargout{1:nargout}] = gui_mainfcn(gui_State, varargin{:});
else
    gui_mainfcn(gui_State, varargin{:});
end
function clw_OpeningFcn(hObject, eventdata, handles, varargin)
handles.output = hObject;
guidata(hObject, handles);
function varargout = clw_OutputFcn(hObject, eventdata, handles)
varargout{1} = handles.output;
function pushbutton1_Callback(hObject, eventdata, handles)
%专家对三个风险因子进行评分
expert_lcw=[
4, 5, 4, 4, 3, 5, 3, 4, 5, 4, 5, 5, 2, 5, 5;
4, 5, 3, 3, 4, 2, 3, 3, 4, 4, 4, 3, 4, 5, 4;
3, 3, 3, 2, 5, 5, 3, 5, 4, 4, 3, 5, 3, 4, 3;
2, 5, 5, 3, 4, 3, 3, 4, 4, 2, 5, 4, 3, 4, 5;
2, 4, 5, 2, 5, 5, 2, 4, 5, 3, 4, 4, 4, 3, 4;
3, 3, 4, 4, 2, 3, 5, 1, 3, 3, 4, 4, 3, 3, 4;
4, 2, 1, 5, 2, 1, 5, 2, 2, 4, 3, 2, 3, 5, 3;
    ];
%C, W 的对应表<C, W>
tablecw=[
  1, 2, 3, 4, 5;
  2, 3, 4, 5, 6;
```

```
        3，4，5，6，7；
        4，5，6，7，8；
        5，6，7，8，9；
        ]；
R＝zeros(7，5)；%初始化风险度 r 的矩阵


%下面开始计算风险度
for i＝1:7
    for j＝1:15
        if mod(j，3)＝＝1
            r＝expert_lcw(i，j)；
        elseif mod(j，3)＝＝2
            c＝expert_lcw(i，j)；
        elseif    mod(j，3)＝＝0
                    w＝expert_lcw(i，j)；
                    cw＝tablecw(c，w)；
                    R(i，fix(j/3))＝ r'cw；
        end
    end
end
Experts_num＝5；Risk_num＝7；%代表列和行即专家个数(评价集元素个数)和风险因子个数
P＝zeros(Risk_num，Experts_num)；%将二次模糊化后的矩阵记为 P 矩阵即风险隶属矩阵
%利用 switch-case 语句对每一行进行二次模糊处理
for i＝1:Risk_num%循环行次数
        for ii＝1:Experts_num%循环列次数
            switch fix((R(i，ii)-1)/10)%fix 函数代表取整
            %对每一行；从第一个数开始统计看是属于哪个等级的
            case 0
                P(i，1)＝P(i，1)＋1/Experts_num；
            case 1
                P(i，2)＝P(i，2)＋1/Experts_num；
            case 2
                P(i，3)＝P(i，3)＋1/Experts_num；
            case 3
                P(i，4)＝P(i，4)＋1/Experts_num；
            case 4
                P(i，5)＝P(i，5)＋1/Experts_num；
            end
        end
end
H＝zeros(Risk_num，1)；%H 矩阵用于计算熵系数
for i＝1:Risk_num
    for ii＝1:Experts_num
```

```
            if P(i, ii)>0
            H(i, 1)=H(i, 1)+(P(i, ii) * log2(P(i, ii))) * (-1); %d 对每一行求熵
            end
        end
    end
    H=H/log(Experts_num); %归一化处理
    H=1-H; %用 1-熵来衡量权值
    Q=zeros(Risk_num, 1);
    E=sum(sum(H)); %H 矩阵中存的是所有的风险因子的 1-H 该函数用于求和
    Q=H/E; %Q 存储权值
    B=[1/15, 2/15, 2/15, 1/3, 1/3]; %B 矩阵为评价集权重
    RESULT=zeros(1, 1); %存储结果
    RESULT=Q.' * P * B.';
    set(handles.text2, 'String', RESULT);
    set(handles.text5, 'String', num2str(Q.'));
    set(handles.uitable3, 'Data', R);
```

其运行结果如图 6-2 所示。

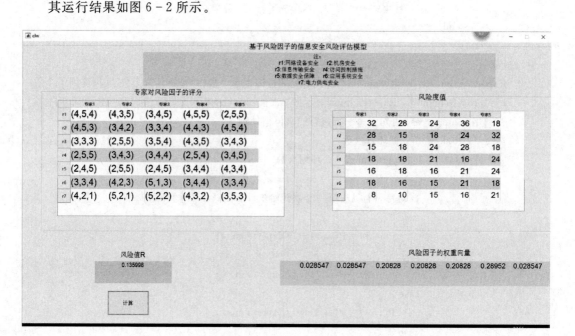

图 6-2 运行结果图

6.5.9 代码实现(Java)

本节根据 6.4 节所述，对于基于风险因子的风险评估流程进行了实现。采用 6.5 案例中的具体数据，用 Java 进行模型实现，程序代码如下：

```java
import java.util. * ;

import java.awt.event. * ;
```

```java
import java.awt.Color;
import javax.swing. * ;
import java.io. * ;

public class Main extends JFrame{
  public Main(){
    init();
  }

  JLabel jl1 = new JLabel("专家评判数据（式例：1，2，3)");
  JTextField[][] jt = new JTextField[7][5];
  JLabel jl2 = new JLabel("风险度的隶属矩阵");
  JTextField[][] jj = new JTextField[7][5];
  JButton jb1 = new JButton("计算风险值");
  JButton jb2 = new JButton("文件读入");
  JButton jb3＝new JButton("手动输入");
  JLabel jl3 = new JLabel("风险因子的权重向量");
  JTextArea jt2 = new JTextArea();
  JLabel jl4 = new JLabel("评判集的权重向量");
  JTextArea jt3 = new JTextArea();
  JLabel jl5 = new JLabel("风险值");
  JTextArea jt4 = new JTextArea();
  JLabel j16 ＝new JLabel("风险等级");
  JTextArea jt5 ＝new JTextArea();

  public void init(){
    this.setTitle(" 基于风险因子信息安全评估工具");
    this.setLayout(null);

    jl1.setBounds(30，10，180，20);
    jb1.setBounds(270，250，100，20);
    jb2.setBounds(150，250，100，20);
    jb3.setBounds(30，250，100，20);
    jl2.setBounds(450，10，120，20);
    jl3.setBounds(30，300，300，20);
    jt2.setBounds(30，340，530，40);
    jl4.setBounds(30，400，300，20);
    jt3.setBounds(30，450，530，40);
    jl5.setBounds(650，310，300，20);
    jt4.setBounds(650，340，200，40);
    j16.setBounds(650，410，300，20);
    jt5.setBounds(650，450，200，40);
```

```
this.add(jl3);
this.add(jl4);
this.add(jl5);
this.add(jl6);
this.add(jt2);
this.add(jt3);
this.add(jt4);
this.add(jt5);
this.add(jb1);
this.add(jl1);
this.add(jl2);
this.add(jb2);
this.add(jb3);

Color mycolor=new Color(255, 106, 106);
jb1.setForeground(mycolor);

jb1.addActionListener(new Lis());
jb2.addActionListener(new Lis());
jb3.addActionListener(new Lis());

for(int i=0; i<7; i++){
    for(int j=0; j<5; j++){
        int x = 70 * j+30;
        int y = 30 * i+30;
        jt[i][j] = new JTextField();
        jt[i][j].setBounds(x, y, 60, 20);
        this.add(jt[i][j]);
    }
}

for(int i=0; i<7; i++){
    for(int j=0; j<5; j++){
        int x = 70 * j+500;
        int y = 30 * i+30;
        jj[i][j] = new JTextField();
        jj[i][j].setBounds(x, y, 60, 20);
        this.add(jj[i][j]);
    }
}

this.setVisible(true);
this.setSize(1000, 600);
```

```java
        this.setDefaultCloseOperation(JFrame.EXIT_ON_CLOSE);
    }

class Lis implements ActionListener {

    public void actionPerformed(ActionEvent e) {
        // TODO 自动生成的方法存根
        Object obj = e.getSource();
        if(obj == jb1)
            count();
        if(obj == jb2)
            try {
                input1();
            } catch (FileNotFoundException e1) {
                // TODO 自动生成的 catch 块
                e1.printStackTrace();
            }
        if(obj == jb3)
            input2();
    }
}

public void input1() throws FileNotFoundException{
    FileReader filein = new FileReader("lcw.txt");
    int c = 0;
    try {
        int i = 0;
        int j = 0;
        int t=0;

        c = filein.read();
        char cc = (char)c;
        String s = "";
        s+=cc;
        t++;
        while(c! =-1){
            c = filein.read();
            cc = (char)c;
            s+=cc;
            t++;
            if(t==6&&j==5){
                s=s.substring(0, 5);
                jt[++i][j-5].setText(s);
```

```
                j=1；
                t=0；
                s=""；
              }
          if(t==6&&j<5){
                s=s.substring(0，5)；
                jt[i][j].setText(s)；
                j++；
                t=0；
                s=""；
              }
            }
        } catch (IOException e) {
            // TODO 自动生成的 catch 块
            e.printStackTrace()；
        }
        try {
            filein.close()；
        } catch (IOException e) {
            // TODO 自动生成的 catch 块
            e.printStackTrace()；
        }
    }


    public void input2(){
        for(int i=0；i<7；i++){
            for(int j=0；j<5；j++){
                jt[i][j].setText(null)；
                jj[i][j].setText(null)；
            }
        }
        jt2.setText(null)；
        jt3.setText(null)；
        jt4.setText(null)；
    }


    public void count(){
        double[][] CWtable={
                {0，0，0，0，0，0}，
                {0，1，2，3，4，5}，
                {0，2，3，4，5，6}，
                {0，3，4，5，6，7}，
                {0，4，5，6，7，8}，
```

```
        {0，5，6，7，8，9}
        }；
int[][] Vtem＝new int[8][6]；
double[][] V＝new double[8][6]；
double[][] P＝new double[8][6]；
double[] E＝new double[8]；
double[] A＝new double[8]；
double[] AP＝new double[8]；
double[] B＝{0，1.0/15，2.0/15，2.0/15，1.0/3，1.0/3}；
double[][] Rvalue＝ new double[8][6]；
double sumE ＝ 0；
double R＝0；
for(int i＝0；i＜7；i＋＋){
    for(int j＝0；j＜5；j＋＋){
        int a ＝ Integer.parseInt(jt[i][j].getText().substring(0，1))；
        int b ＝ Integer.parseInt(jt[i][j].getText().substring(2，3))；
        int c ＝ Integer.parseInt(jt[i][j].getText().substring(4，5))；
        Rvalue[i＋1][j＋1]＝(a * CWtable[c][b])；
    }
}


for(int i＝1；i＜8；i＋＋)
    for(int j＝1；j＜6；j＋＋){
        if(Rvalue[i][j]＞＝0&&Rvalue[i][j]＜＝10)Vtem[i][j]＝1；
        else if(Rvalue[i][j]＞＝11&&Rvalue[i][j]＜＝20)Vtem[i][j]＝2；
        else if(Rvalue[i][j]＞＝21&&Rvalue[i][j]＜＝30)Vtem[i][j]＝3；
        else if(Rvalue[i][j]＞＝31&&Rvalue[i][j]＜＝40)Vtem[i][j]＝4；
        else if(Rvalue[i][j]＞＝41&&Rvalue[i][j]＜＝50)Vtem[i][j]＝5；
    }


for(int i＝1；i＜8；i＋＋)
    for(int j＝1；j＜6；j＋＋){
        switch(Vtem[i][j]){
            case 1：V[i][1]＋＋；break；
            case 2：V[i][2]＋＋；break；
            case 3：V[i][3]＋＋；break；
            case 4：V[i][4]＋＋；break；
            case 5：V[i][5]＋＋；break；
        }
    }

        for(int i＝1；i＜8；i＋＋)
            for(int j＝1；j＜6；j＋＋){
```

```
                    P[i][j]＝V[i][j]/5；
                    String pp ＝ String.valueOf(P[i][j])；
                    jj[i－1][j－1].setText(pp)；
                }

        for(int i＝1；i＜8；i++){
            for(int j＝1；j＜6；j++){
                if(P[i][j]!＝0)
                    E[i]+＝－P[i][j] * (Math.log(P[i][j])/Math.log(2))；
                continue；
            }
                E[i]＝E[i]/Math.log(5)；
                sumE＝sumE－E[i]；
        }
    String str ＝ ""；
    for(int i＝1；i＜8；i++){
        A[i]＝(1－E[i])/(sumE+7)；
        String ss＝""；
        if(i!＝7)
            ss ＝ String.valueOf((float)A[i])+"，"；
        else
            ss ＝ String.valueOf((float)A[i])；
        str+＝ss；
    }
    jt2.setText(str)；

    for(int i＝1；i＜6；i++){
        for(int j＝1；j＜8；j++)
        AP[i]+＝A[j] * P[j][i]；
        R＝R+AP[i] * B[i]；
    }
jt4.setText(String.valueOf(R))；
if(R>＝0&&R<＝0.2) jt5.setText("该系统风险等级为：低")；
    else if(R>0.2&&R<＝0.4) jt5.setText("该系统风险等级为：较低")；
    else if(R>0.4&&R<＝0.6) jt5.setText("该系统风险等级为：中等")；
    else if(R>0.6&&R<＝0.8) jt5.setText("该系统风险等级为：较高")；
    else if(R>0.8&&R<＝1)   jt5.setText("该系统风险等级为：高")；

str ＝ ""；
for(int i＝1；i＜6；i++){
    String ss＝""；
    if(i!＝5)
        ss ＝ String.valueOf((float)B[i])+"，"；
```

```
        else
            ss = String.valueOf((float)B[i]);
        str+=ss;
    }
    jt3.setText(str);
}


    public static void main(String[] args) {
        // TODO 自动生成的方法存根
        Main m = new Main();
    }
}
```

其运行结果如图 6-3 所示。

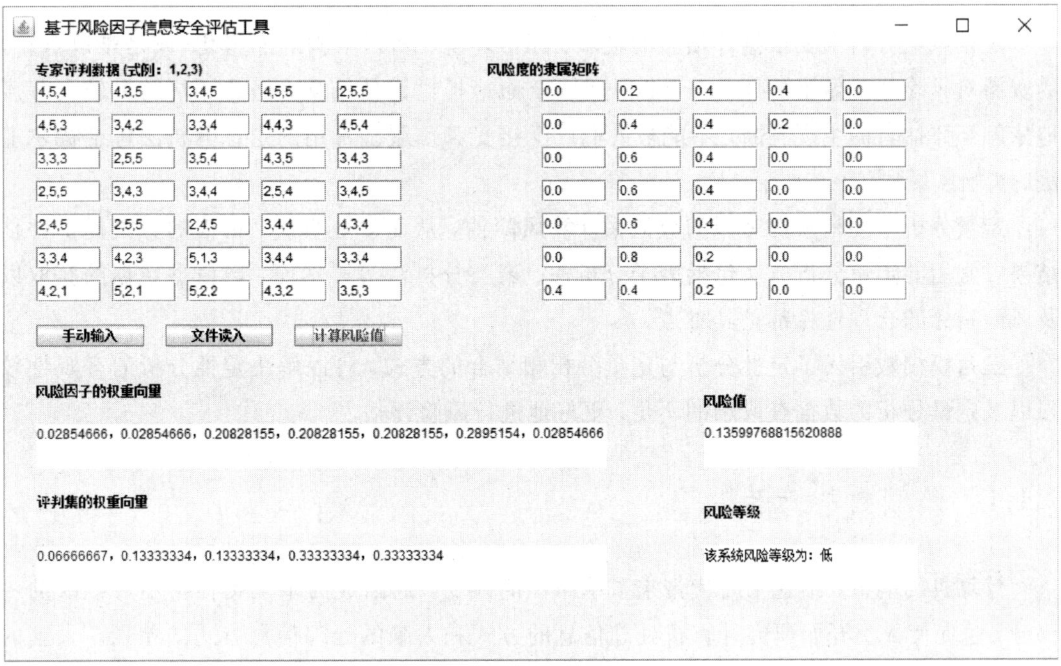

图 6-3 运行结果图

第7章　基于三角模糊数信息安全风险评估模型

7.1　模糊数及其相关运算

传统的风险评估方法主要由定性风险分析、定量风险分析以及定性分析和定量分析相结合的方式三类组成。

定性风险分析主要依据评估者的经验、评估环境、知识结构等非量化（或是难以量化）的资料对风险状况做出的评价，可以快速、全面地提供评估结果，但是评估结果较大程度地依赖于评估者的主观判断，不能被人们广泛接受和信服。常用的定性分析法包括德尔菲法、头脑风暴法等。

定量分析主要是根据客观的数值来计算风险值，从而以更直观、可信的方式提供评估结果。常用的定量分析方法包括因子分析法、聚类分析法等。然而，数值型数据的获取以及风险指标的合理选择都是其难点。

三角模糊数引入了定性分析与定量分析相结合的方式，可以解决定性分析的客观性较强以及定量分析的数据获取难的不足，更好地进行风险评估。

7.1.1　模糊数的产生

计算机的问世，给这个时代带来了革命性的改变，逐渐成为了人类社会不可或缺的一部分，也促使人类开始研究计算机处理信息的方式和人脑的处理信息方式的差别。人脑的复杂结构可以敏捷、灵活地处理模糊信息，这是当前计算机所远不能及的。

1965年美国加利福尼亚大学的 Zadeh 教授提出了模糊集（Fuzzy sets）的概念，从而奠定了模糊集的理论基础。该类模糊信息常常表现为区间数、三角模糊数或梯形模糊数等。区间数、三角模糊数或梯形模糊数的多属性决策问题分别被称为区间多属性决策问题、三角模糊多属性决策问题或梯形模糊多属性决策问题。

7.1.2　模糊数的应用

1. 模糊综合评价

其实在生活中，人们常常有意识无意识地用到综合评价法。例如，当你在买房的时候，会自己在脑海里综合考虑房子的地理位置、价格、小区的绿化等影响因素；当你准备升学，选择学校的时候，也会通过学校的口碑、师资、名气等因素来决定最终要去的学校。像这样需要通过综合考虑多个影响因素来对背景对象进行整体评价的方法，就是综合评价方法。当背景对象的影响因素具有模糊性时，例如地理位置的"优越"、"一般"、"偏僻"，衣服款式的"好看"、"一般"、"丑"等评价因素无法设定一个统一的标准，人们对这些影响因素的评价都带有主观色彩，标准因人而异，像这样的评价就称为模糊综合评价。要将模糊评价语言转换为计算机能够理解的机器语言，就很有必要对模糊语言定量化。

模糊综合评价的基本步骤如下：

（1）深入研究分析被评价的背景对象，归结出需要考虑的评价因素集 $X = \{x_1, x_2, x_3, \cdots, x_m\}$，以及可能出现的评语集 $V = \{v_1, v_2, v_3, v_4, v_5, \cdots, v_n\}$。

（2）分别对上一步归结出的评价因素集 X 中的每一个影响因素进行评价，确定被评对象对评语 $v_j (j = 1, 2, 3, \cdots, n)$ 的从属度 r_{ij}。从而就能得到单个因素 x_i 的单因素评价集 $r_i = (r_{i1}, r_{i2}, \cdots, r_{in})$。

（3）集结所有影响因素的评价集，得到集结后的评价矩阵，如下：

$$\boldsymbol{R} = (r_{ij})_{m \times n} = \begin{bmatrix} r_{11} & r_{12} & \cdots & r_{1n} \\ r_{21} & r_{22} & \cdots & r_{2n} \\ \vdots & \vdots & & \vdots \\ r_{m1} & r_{m2} & \cdots & r_{mn} \end{bmatrix}$$

（4）在论域 X 上，给出每个评价因素在总评中的影响程度，即所谓的权重。

（5）将上述的总评价矩阵和影响因素权重用广义的模糊合成运算"＊"得到模糊综合评价集，如公式（7-1）。也可以根据具体情况选择别的运算。

$$\boldsymbol{B} = \boldsymbol{A} * \boldsymbol{R} = (b_1, b_2, \cdots, b_n) \tag{7-1}$$

（6）根据最大隶属度原则，选择模糊综合评价集里最大的 b_j 所对应的评语作为综合评价的最终结果。

2. 模糊模式识别

人们为了掌握客观事物，按事物相似的程度组成类别。所谓模式识别，就是指已知事物的各种类别（标准模式），判断给定的对象或新得到的对象归属哪一类，或是否为一个新的类别。

模糊模式识别主要包括以下 3 个步骤：

（1）提取特征。首先需要从识别对象中提取与识别有关的特征，并度量这些特征，于是每个识别对象就对应一个由各特征取值组成的向量。

（2）建立标准类型（模式）的隶属函数，即将标准类型看成特征集（论域）上的模糊集。

（3）建立识别判断准则，以判断待识别对象属于哪一个标准类型。

7.1.3　相关运算

1. 模糊集的包含关系

定义：设 X 为非空论域，A、B 为 X 上的两个模糊集合。称 A 包含于 B（记作 $A \subset B$），如果任意 $x \in X$ 有 $A(x) \leqslant B(x)$。这时也称 A 为 B 的子集。

2. 模糊集的并运算

定义：设 X 为非空论域，A、B 为 X 上的两个模糊集合。A 与 B 的并（记作 $A \cup B$ 是 X 上的一个模糊集，其隶属函数为

$$(A \cup B)(x) = \max\{A(x), B(x)\} = A(x) \vee B(x), \forall x \in X$$

3. 模糊集的交运算

定义：非空论域 X 上的两个模糊集合 A 与 B 的交（记作 $A \cap B$）是 X 上的一个模糊集，其隶属函数为：

$$(A \cap B)(x) = \min\{A(x), B(x)\} = A(x) \wedge B(x), \forall x \in X$$

7.2　三角模糊数及其相关性质

模糊综合评价法是模糊数在评估模型中一个很重要的应用。但是该方法完全依赖隶属函数，建立该函数是构建整个模糊综合评价系统的核心。根据前面的内容可知，隶属函数没有统一的构造方法，而且带有很强的任意性和主观性。本模型应用的三角模糊数法可以弥补上述不足。该评估方法将评语划分成几个等级，每个等级都有相对应的三角模糊数，并且该方法具有确定的隶属函数。

7.2.1　三角模糊数定义

三角模糊数和模糊数的概念相差不大，与模糊数不同的是，在三角模糊数中，增加了模糊数的下限值和上限值。一个三角模糊数可以表示成一个三元的数组 (n_1, n_2, n_3)，其中 n_1 就是模糊数的下限值，n_3 是模糊数的上限值，n_2 为可能性的最大值。它的隶属函数可以表示如下：

$$\mu_{\widetilde{n}}(x) = \begin{cases} \dfrac{x - n_1}{n_2 - n_1}, & n_1 \leqslant x \leqslant n_2 \\[2mm] \dfrac{n_3 - x}{n_3 - n_2}, & n_2 \leqslant x \leqslant n_3 \end{cases} \qquad (7-2)$$

基于该方法的评估中还涉及一个很重要的概念，即两个三角模糊数之间的距离。设有三角模糊数 $l = (l_1, l_2, l_3)$ 和三角模糊数 $n = (n_1, n_2, n_3)$，则该距离定义可以表示如下所示：

$$d(\tilde{l}, \tilde{n}) = \sqrt{\frac{1}{3}[(l_1 - n_1)^2 + (l_2 - n_2)^2 + (l_3 - n_3)^2]} \tag{7-3}$$

由距离公式可知，两个三角模糊数相等，当且仅当对应的三个数分别相等。即 $l_1 = n_1$，$l_2 = n_2$，$l_3 = n_3$。

7.2.2　三角模糊数的算术运算

有模糊数 A 和 B，运算规则如下：

(1) $A \oplus B = [a_1, a_2] \oplus [b_1, b_2] = [a_1 + b_1, a_2 + b_2]$；

(2) $A - B = [a_1, a_2] - [b_1, b_2] = [a_1 - b_2, a_2 - b_1]$；

(3) $A \otimes B = [a_1, a_2] \otimes [b_1, b_2] = [a_1 \times b_1, a_2 \times b_2]$；

(4) $A \div B = [a_1, a_2] \div [b_1, b_2] = [a_1/b_2, a_2/b_1]$。

模糊数 M 的一般表达式可以写为

$$\mu_M(x) = \begin{cases} L(x), & l \leqslant x \leqslant m \\ R(x), & m \leqslant x \leqslant r \end{cases}$$

其中，$L(x)$ 为右连续增函数，$R(x)$ 为左连续减函数。

$L(x) \geqslant 0$，$R(x) \leqslant 1$，如果函数 $L(x)$ 和 $R(x)$ 均为线性函数，则称 M 为三角模糊数。三角模糊数是一种常用的模糊数，通过定义可以和语言评价项一一对应，从而较好地反映人类思维的模糊表示。更重要的是，其运算法则也比较简单。

7.3　基于三角模糊数的信息安全风险评估模型构建

三角模糊数应用于信息系统的基本逻辑如下：

(1) 组织专家评审团，对系统进行深入研究分析，识别信息系统的重要资产，归结出能对资产机密性、完整性、可用性造成影响的威胁，做好脆弱性识别与风险识别。

(2) 每一位专家针对每一种威胁可能给每一种资产造成的损失程度进行评价，根据心理学知识，人对事物评价可区分等级在 7 ± 2 之间。所以给出七个等级的评价语"非常高"、"高"等。同理，每一位专家针对每一种风险利用每一种威胁的可能性做出评价，给出评价语。

(3) 将每个评价语按照语言评价项和三角模糊数的对应关系，进行语言评价转换。根据专家的不同权重，利用加权求和的方式，集结得到可能性矩阵和损失矩阵。

(4) 利用模糊数加法和模糊数乘法，集结两个矩阵，得到风险矩阵。将风险矩阵规范化，利用公式计算风险与负理想解之间的贴近度，作为每一风险的风险值。

(5) 根据风险值大小，即可对风险进行排序。

7.3.1　集结专家权重

对于评价系统来说，专家的评价质量至关重要。为了避免个别专家可能因为对系统的不熟悉、经验不足或其他缘故造成的评判失误，这里通过判断每个专家评价与群体评价的一致性程度，来决定专家的后验权重。

假设某次评估中，专家评审团由 k 个专家成员组成，专家集合 $e = \{e_1, e_2, \cdots, e_k\}$，$k > 2$。

集结专家后验权重的具体步骤如下：

(1) 以专家 e_p 为例。损失矩阵中，针对同一种脆弱性 i 对同一种资产 j 造成损失程度的评语，分别计算专家 e_p 与其他专家 $e_q(q=1, 2, \cdots, k$ 且 $q \neq p)$ 之间的距离。也就是根据上述三角模糊数距离公式，计算三角模糊数 $\tilde{y}_{ij}^p = (\tilde{y}_{ij1}^p, \tilde{y}_{ij2}^p, \tilde{y}_{ij3}^p)$ 和 $\tilde{y}_{ij}^q = (\tilde{y}_{ij1}^q, \tilde{y}_{ij2}^q, \tilde{y}_{ij3}^q)$ 之间的距离。

$$d_{ij}(p, q) = \sqrt{\frac{1}{3}\left[(\tilde{y}_{ij1}^p - \tilde{y}_{ij1}^q)^2 + (\tilde{y}_{ij2}^p - \tilde{y}_{ij2}^q)^2 + (\tilde{y}_{ij3}^p - \tilde{y}_{ij3}^q)^2\right]} \quad (7-4)$$

(2) 针对同一种资产 i 受到同一种脆弱性 j 影响造成损失的程度，计算专家 ep 和其他专家之间的平均距离 $d_{ij}(p)$。该值反映了该专家评价值与群体的一致性，该值越大，说明该专家给的评价语与群体的偏离越大。

$$d_{ij}(p) = \frac{\sum_{\substack{h=1 \\ h \neq p}}^{K} d_{ij}(p, h)}{K - 1} \quad (7-5)$$

(3) 将 $d_{ij}(p)$ 规范化。应用上述步骤求出每一位专家与群体的平均距离，分别用 1 做差求得 d_{ij}'，例 $d_{ij}'(p) = (1 - d_{ij}(p))$，然后将结果相加。分别将每个 d_{ij}' 除以总和得到标准化后的 D_{ij}，作为该专家关于该项评语的后验权重。

(4) 同理，集结可能性矩阵过程中，按照上述方法计算每位专家对每项评论的后验权重。

下面，通过一个简单实例(见表 7-1)来说明如何集结专家权重。

表 7-1 专家评估实例

	专家 1	专家 2	专家 3	专家 4
物理保护措施不足对有形资产的影响	高	中等	高	低

在损失矩阵中"高"、"中等"、"低"对应的三角模糊数分别为(0.7, 0.9, 1)、(0.3, 0.5, 0.7)、(0, 0.1, 0.3)。

计算专家 1 与群体间的距离。

① 专家 1 和专家 2 之间的距离：

$$d(1, 2) = \sqrt{\frac{1}{3} \times ((0.7 - 0.3)^2 + (0.9 - 0.5)^2 + (1 - 0.7)^2)} = 0.36968 \quad (7-6)$$

② 专家 1 和专家 3 之间的距离：由于他们的评语一样，所以距离 $d(1, 3) = 0$；

③ 专家 1 和专家 4 之间的距离：

$$d(1, 4) = \sqrt{\frac{1}{3} \times ((0.7 - 0)^2 + (0.9 - 0.1)^2 + (1 - 0.3)^2)} = 0.73485 \quad (7-7)$$

④ 专家 1 和群体的评价距离：

$$d_1 = \frac{0.36968 + 0 + 0.73485}{4 - 1} = 0.3682 \tag{7-8}$$

同理计算专家 2 和专家 3 与群体的平均距离 d_2、d_3。可以得到 $d_2 = 0.3697$，$d_3 = 0.3682$，$d_4 = 0.6131$。分别将 d_2、d_3、d_4 规范化，如下：

$$D_1 = \frac{1 - 0.3682}{0.6131 + 0.3682 + 0.3697 + 0.3682} = 0.277 \tag{7-9}$$

$$D_2 = \frac{1 - 0.3697}{0.6131 + 0.3682 + 0.3697 + 0.3682} = 0.276 \tag{7-10}$$

$$D_3 = \frac{1 - 0.3682}{0.6131 + 0.3682 + 0.3697 + 0.3682} = 0.277 \tag{7-11}$$

$$D_4 = \frac{1 - 0.6131}{0.6131 + 0.3682 + 0.3697 + 0.3682} = 0.17 \tag{7-12}$$

7.3.2　语言评价值转成三角模糊数

根据表 7-2 和表 7-3 中的转换规则，将专家给出的语言评价项转换成对应的三角模糊数。

表 7-2　关于风险可能性程度的语言评价项与三角模糊数的关系

语言评价项	三角模糊数
相当低	(0，0，0.1)
低	(0，0.1，0.3)
一般低	(0.1，0.3，0.5)
中等	(0.3，0.5，0.7)
一般高	(0.5，0.7，0.9)
高	(0.7，0.9，1.0)
非常高	(0.9，1.0，1.0)

表 7-3　关于风险损失属性值的语言评价项与三角模糊数的关系

语言评价项	三角模糊数
相当低	(0，0，1)
低	(0，1，3)
一般低	(1，3，5)
中等	(3，5，7)
一般高	(5，7，9)
高	(7，9，10)
非常高	(9，10，10)

7.3.3　集结矩阵并规范化风险矩阵

集结可能性矩阵，运用模糊数的加法和乘法运算，把每个专家对于每种脆弱性对每种资产影响程度的评语对应的三角模糊数进行加权求和。这里的权重即每个专家的先验权重按比例加上专家在该项上的后验权重得出的结果。同理，集结风险矩阵。

设专家评审团由 K 位专家组成，专家集合 $\boldsymbol{E}=(e_1, e_2, \cdots, e_k)$，专家 $e_i(i=1, 2, \cdots, k)$ 给出的损失矩阵为 $\widetilde{X}^i=[\widetilde{x}_{ij}]_{n \times l}$，$n$ 为脆弱性数量，l 对应资产数量。专家 $e_i(i=1, 2, \cdots, k)$ 给出的可能性矩阵 $\widetilde{Y}^i=[\widetilde{y}_{ij}]_{m \times n}$，$m$ 为风险数量，n 为脆弱性数量。集结公式如下：

$$\widetilde{x}_{ij}=w_{ij}(e_1) \otimes \widetilde{x}_{ij}^1 \oplus w_{ij}(e_2) \otimes \widetilde{x}_{ij}^2 \oplus \cdots \oplus w_{ij}(e_k) \otimes \widetilde{x}_{ij}^k \qquad (7-13)$$

$$\widetilde{y}_{ij}=w_{ij}(e_1') \otimes \widetilde{y}_{ij}^1 \oplus w_{ij}(e_2') \otimes \widetilde{y}_{ij}^2 \oplus \cdots \oplus w_{ij}(e_k') \otimes \widetilde{y}_{ij}^k \qquad (7-14)$$

7.3.4　计算风险值并排序

集结好可能性矩阵和风险矩阵后，便可进行风险评估的最后环节，也是核心部分——风险值得计算。步骤大致可分为：集结风险矩阵，风险矩阵规范化，计算风险值，根据风险值对风险进行排序。具体操作步骤如下：

(1) 集结风险矩阵。将可能性矩阵乘以损失矩阵。设损失矩阵 $\widetilde{X}=[\widetilde{x}_{ij}]_{n \times l}$，可能性矩阵 $\widetilde{Y}=[\widetilde{y}_{ij}]_{m \times n}$，风险矩阵为 $\widetilde{R}=[\widetilde{r}_{ij}]_{m \times n}$（$\widetilde{r}_{ij}$ 表示由风险 i 给第 j 种资产带来的影响程度），则

$$\widetilde{R}=[\widetilde{r}_{ij}]_{m \times n}=[\widetilde{y}_{ij}]_{m \times n} \otimes [\widetilde{x}_{ij}]_{n \times l} \qquad (7-15)$$

(2) 风险矩阵规范化。将风险矩阵 $\widetilde{R}=[\widetilde{r}_{ij}]_{m \times n}$，规范化为 $\widetilde{F}=[\widetilde{f}_{ij}]_{m \times n}$，则

$$\widetilde{r}_{ij}=(a_{ij}, b_{ij}, c_{ij}) \widetilde{f}_{ij}=\left(\frac{a_{ij}}{c^*}, \frac{b_{ij}}{c^*} \frac{c_{ij}}{c^*}\right) c_j^*=\max_i c_{ij}$$

(3) 风险值的计算。假设信息安全风险评估中脆弱性 i 造成的风险，其负理想解为 A_i''，理想解为 A_i'

$$A'=(\widetilde{v}_{i1}', \widetilde{v}_{i2}', \cdots, \widetilde{v}_{in}') \quad (i=2, \cdots, m) \quad \widetilde{v}_{ij}'=(0, 0, 0) \quad (j=1, 2, \cdots, n)$$

$$A''=(\widetilde{v}_{i1}'', \widetilde{v}_{i2}'', \cdots, \widetilde{v}_{im}'') \quad (i=2, \cdots, m) \quad \widetilde{v}_{ij}''=(1, 1, 1) \quad (j=1, 2, \cdots, m)$$

无论是在何种情况下，人们都希望将风险值降到最低，所以这里取负理想中各三角模糊数值为 $(0, 0, 0)$。

计算规范化后的风险矩阵与理想解以及负理想解之间的距离，如下：

$$d_i'=\sum_{j=1}^{n} d(\widetilde{f}_{ij}, \widetilde{v}_{ij}') \qquad (7-16)$$

$$d_i''=\sum_{j=1}^{n} d(\widetilde{f}ij, \widetilde{v}_{ij}'') \qquad (7-17)$$

计算各风险和负理想解之间的贴近度，作为该风险的风险值，公式如下：

$$cc_i=\frac{d_i'}{d_i'+d_i''} \qquad (7-18)$$

最后根据计算出的风险值对风险进行排序。

7.4　案例实现

某公司有：

专家群体

$E = (e_1, e_2, \cdots, e_k)$，$k = 3$ 名专家 e_1, e_2, e_3

资产集合

$A = (a_1, a_2, \cdots, a_l)$，$l = 2$ 类资产［实物资产，数据文档］

威胁集合

$T = (t_1, t_2, \cdots, t_s)$，$s = 2$ 种［漏洞利用，资产损坏］

脆弱性集合

$U = (u_1, u_2, \cdots, u_n)$，$n = 3$ 种脆弱性［保护措施不足，访问控制不到位，资产管理不足］

本案例的实现步骤如下：

（1）专家评审团给出损失矩阵和可能性矩阵的评价语，如表 7-4 和表 7-5 所示。

表 7-4　专家评审团给出的损失矩阵评价值

脆弱性种类	专家群体					
	专家一		专家二		专家三	
	实物资产(a_1)	数据文档 (a_2)	实物资产 (a_1)	数据文档 (a_2)	实物资产 (a_1)	数据文档 (a_2)
保护措施不足(u_1)	高	一般低	非常高	中等	高	一般低
访问控制不足(u_2)	一般高	中等	中等	一般低	中等	中等
资产管理不足(u_3)	中等	非常高	中等	非常高	一般低	高

表 7-5　专家评审团给出的可能性矩阵评价值

脆弱性种类	专家群体					
	专家一		专家二		专家三	
	漏洞利用 (t_1)	资产损坏 (t_2)	漏洞利用 (t_1)	资产损坏 (t_2)	漏洞利用 (t_1)	资产损坏 (t_2)
保护措施不足(u_1)	高	一般高	高	一般高	一般高	一般高
访问控制不足(u_2)	一般高	一般高	中等	中等	中等	高
资产管理不足(u_3)	高	一般低	非常高	一般低	高	低

（2）将两个矩阵的评价语按照转换规则转换成相应的三角模糊数，如表 7-6 和表 7-7 所示。

表 7-6　损失矩阵评价语对应的三角模糊数

脆弱性种类	专家群体					
	专家一		专家二		专家三	
	实物资产 (a_1)	数据文档 (a_2)	实物资产 (a_1)	数据文档 (a_2)	实物资产 (a_1)	数据文档 (a_2)
保护措施不足(u_1)	(7, 9, 10)	(1, 3, 5)	(9, 10, 10)	(3, 5, 7)	(7, 9, 10)	(1, 3, 5)
访问控制不足(u_2)	(5, 7, 9)	(3, 5, 7)	(3, 5, 7)	(1, 3, 5)	(3, 5, 7)	(3, 5, 7)
资产管理不足(u_3)	(3, 5, 7)	(9, 10, 10)	(3, 5, 7)	(9, 10, 10)	(1, 3, 5)	(7, 9, 10)

表 7-7　可能性矩阵评价语对应的三角模糊数

脆弱性种类	专家群体					
	专家一		专家二		专家三	
	漏洞利用 (t_1)	资产损坏 (t_2)	漏洞利用 (t_1)	资产损坏 (t_2)	漏洞利用 (t_1)	资产损坏(t_2)
保护措施不足(u_1)	(0.7, 0.9, 1)	(0.5, 0.7, 0.9)	(0.7, 0.9, 1)	(0.5, 0.7, 0.9)	(0.5, 0.7, 0.9)	(0.5, 0.7, 0.9)
访问控制不足(u_2)	(0.5, 0.7, 0.9)	(0.5, 0.7, 0.9)	(0.3, 0.5, 0.7)	(0.3, 0.5, 0.7)	(0.3, 0.5, 0.7)	(0.7, 0.9, 1)
资产管理不足(u_3)	(0.7, 0.9, 1)	(0.1, 0.3, 0.5)	(0.9, 1, 1)	(0.1, 0.3, 0.5)	(0.7, 0.9, 1)	(0, 0.1, 0.3)

（3）集结矩阵。这里假设各专家的权重都为 1/3，以"保护措施不足"对实物资产的影响程度为例，计算损失矩阵如下：

$$(7, 9, 10) \times \frac{1}{3} + (9, 10, 10) \times \frac{1}{3} + (7, 9, 10) \times \frac{1}{3} = (7.6, 9.33, 10) \quad (7-19)$$

同理，可得集结后的损失矩阵：

$$\tilde{X} = \begin{bmatrix} (7.67, 9.33, 10) & (1.67, 3.67, 5.67) \\ (3.67, 5.67, 7.67) & (2.33, 4.33, 6.33) \\ (2.33, 4.33, 6.33) & (8.33, 9.67, 10) \end{bmatrix}$$

集结后的可能性矩阵：

$$\tilde{Y} = \begin{bmatrix} (0.63, 0.83, 0.97) & (0.37, 0.57, 0.77) & (0.77, 0.93, 1.0) \\ (0.5, 0.7, 0.9) & (0.5, 0.7, 0.87) & (0.067, 0.23, 0.43) \end{bmatrix}$$

（4）将损失矩阵和可能性矩阵相乘，得到风险矩阵。

$$\tilde{R} = \begin{bmatrix} (7.89, 14.69, 21.94) & (8.32, 14, 51, 20.37) \\ (5.84, 11.5, 18.39) & (2.57, 7.82, 14.91) \end{bmatrix}$$

（5）风险矩阵规范化。在风险矩阵第一列中，最大值是 21.94。将第一列的两个三角模糊数分别除以 21.94，故第一列规范化后的结果为

$$(0.36, 0.67, 1)$$
$$(0.27, 0.52, 0.84)$$

按照上述方法，可得规范化后的风险矩阵：

$$\tilde{F} = \begin{bmatrix} (0.36, 0.67, 1) & (0.41, 0.71, 1) \\ (0.27, 0.52, 0.84) & (0.13, 0.38, 0.73) \end{bmatrix}$$

（6）求风险矩阵与理想解及负理想解之间的距离。

风险矩阵与理想解之间的距离：

$$d'_1 = \sqrt{\frac{1}{3} \times (0.36^2 + 0.67^2 + 1)} + \sqrt{\frac{1}{3} \times (0.41^2 + 0.71^2 + 1)} = 1.47 \quad (7-20)$$

$$d'_2 = \sqrt{\frac{1}{3} \times (0.27^2 + 0.52^2 + 0.84^2)} + \sqrt{\frac{1}{3} \times (0.13^2 + 0.38^2 + 0.73^2)} = 1.07$$

$$(7-21)$$

风险矩阵与负理想解之间的距离：

$$d''_1 = \sqrt{\frac{1}{3} \times ((0.36-1)\hat{\ }2 + (0.67-1)\hat{\ }2 + (1-1)\hat{\ }2)}$$

$$+ \sqrt{\frac{1}{3} \times ((0.41-1)^2 + (0.71-1)^2 + (1-1)^2)} = 0.84 \quad (7-22)$$

$$d''_2 = \sqrt{\frac{1}{3} \times ((0.27-1)^2 + (0.52-1)^2 + (0.84-1)^2)}$$

$$+ \sqrt{\frac{1}{3} \times ((0.13-1)^2 + (0.38-1)^2 + (0.73-1)^2)} = 1.15 \ (7-23)$$

（7）计算与负理想解之间的贴近度。

风险 1 漏洞利用：

$$cc_1 = \frac{d'_1}{d'_1 + d''_1} = \frac{1.47}{1.47 + 0.84} = 0.64 \quad (7-24)$$

风险 2 资产损坏：

$$cc_2 = \frac{d'_2}{d'_2 + d''_2} = \frac{1.07}{1.07 + 1.15} = 0.48 \quad (7-25)$$

（8）依据风险值对风险进行排序。因为 0.64＞0.48，所以漏洞利用导致的严重程度要大于资产损坏。

7.5　模型构建

通过前几节对基本知识和算法的了解，我们已经打好了一定的基础，接下来将运用 Matlab 软件来进行建模。

7.5.1　Matlab 介绍

Matlab 是美国 MathWorks 公司出品的商业数学软件，用于算法开发、数据可视化、数据分析以及数值计算的高级技术计算语言和交互式环境，主要包括 Matlab 和 Simulink 两大部分。

Matlab、Mathematica 和 Maple 并称为三大数学软件。Matlab 可以进行矩阵运算、绘制函数和数据、实现算法、创建用户界面、连接其他编程语言的程序等，主要应用于工程计算、控制设计、信号处理与通信、图像处理、信号检测、金融建模设计与分析等领域。

Matlab 的基本数据单位是矩阵，它的指令表达式与数学、工程中常用的形式十分相似，故用 Matlab 来解算问题要比用 C、FORTRAN 等语言完成相同的事情简捷得多，并且 Matlab 也吸收了 Maple 等软件的优点，使其成为一个强大的数学软件。在新的版本中也加入了对 C、FORTRAN、C++、Java 的支持。

Matlab 的优势特点如下：

（1）高效的数值计算及符号计算功能，能使用户从繁杂的数学运算分析中解脱出来；

（2）具有完备的图形处理功能，实现计算结果和编程的可视化；

（3）友好的用户界面及接近数学表达式的自然化语言，使学者易于学习和掌握；

（4）功能丰富的应用工具箱（如信号处理工具箱、通信工具箱等），为用户提供了大量方便实用的处理工具。

7.5.2 Matlab 建模

在 7.4 节中，已经详细介绍了基于三角模糊数的风险评估的完整过程。下面用 Matlab 创建信息安全风险评估模型，初始界面如图 7-1 所示。

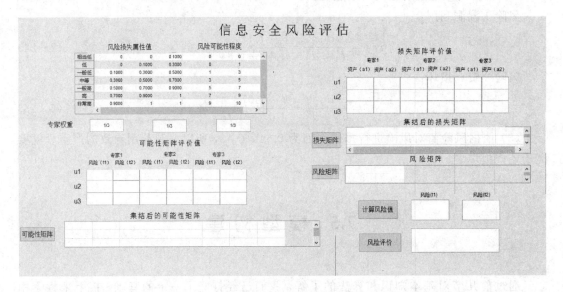

图 7-1 信息安全风险评估模型初始界面

（1）确定专家权重。此次风险评估专家权重为：专家 1～3 的权重均为 1/3，如图 7-2 所示。

（2）确定专家语言评价值。专家关于可能性矩阵的语言评价如图 7-3 所示；专家关于损失矩阵的语言评价如图 7-4 所示。

（3）计算风险矩阵。集结后的可能性矩阵如图 7-5 所示；集结后的损失矩阵如图 7-6 所示；得出的风险矩阵如图 7-7 所示。

（4）计算出风险值，如图 7-8 所示。对风险的严重程度进行排序，如图 7-9 所示。

	风险损失属性值			风险可能性程度		
相当低	0	0	0.1000	0	0	1
低	0	0.1000	0.3000	0	1	3
一般低	0.1000	0.3000	0.5000	1	3	5
中等	0.3000	0.5000	0.7000	3	5	7
一般高	0.5000	0.7000	0.9000	5	7	9
高	0.7000	0.9000	1	7	9	10
非常高	0.9000	1	1	9	10	10

专家权重	1/3	1/3	1/3

图 7-2　录入专家权重

可能性矩阵评价值

	专家1		专家2		专家3	
	风险 (t1)	风险 (t2)	风险 (t1)	风险 (t2)	风险 (t1)	风险 (t2)
u1	高	一般高	高	一般高	一般高	一般高
u2	一般高	一般高	中等	中等	中等	高
u3	高	一般低	非常高	一般低	高	低

图 7-3　录入专家的可能性矩阵评价值

损失矩阵评价值

	专家1		专家2		专家3	
	资产 (a1)	资产 (a2)	资产 (a1)	资产 (a2)	资产 (a1)	资产 (a2)
u1	高	一般低	非常高	中等	高	一般低
u2	一般高	中等	中等	一般低	中等	中等
u3	中等	非常高	中等	非常高	一般低	高

图 7-4　录入专家的损失矩阵评价值

集结后的可能性矩阵								
0.6333	0.8333	0.9667	0.3667	0.5667	0.7667	0.7667	0.9333	1
0.5000	0.7000	0.9000	0.5000	0.7000	0.8667	0.0667	0.2333	0.4333

可能性矩阵 (行标签)

图 7-5 集结后的可能性矩阵

集结后的损失矩阵					
7.6667	9.3333	10	1.6667	3.6667	5.6667
3.6667	5.6667	7.6667	2.3333	4.3333	6.3333
2.3333	4.3333	6.3333	8.3333	9.6667	10

损失矩阵 (行标签)

图 7-6 集结后的损失矩阵

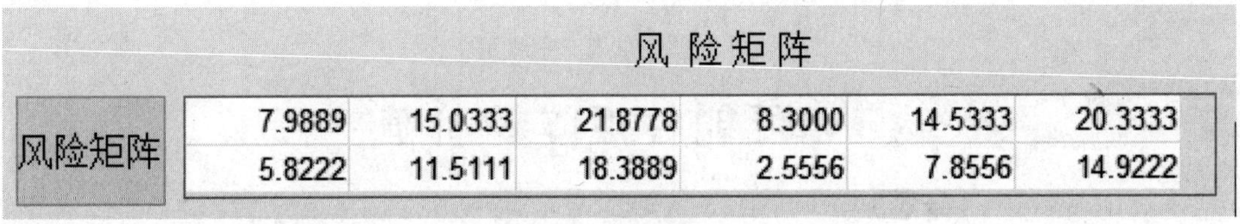

风 险 矩 阵					
7.9889	15.0333	21.8778	8.3000	14.5333	20.3333
5.8222	11.5111	18.3889	2.5556	7.8556	14.9222

风险矩阵 (行标签)

图 7-7 风险矩阵

计算风险值　风险(t1)　0.65248　风险(t2)　0.48401

图 7-8 计算风险值

风险评价　t1>t2

图 7-9 对风险严重程度进行排序

7.6　代 码 实 现

7.6.1　计算可能性矩阵

通过获取专家群体对可能性矩阵(每种威胁可能利用每种脆弱性的概率)的语言评价项,再根据三角模糊数学的隶属函数关系,将语言评价值转换为三角模糊数,实现定量数据分析，再根据专家的权重，集结可能性矩阵，计算代码如下：

```
//录入专家可能性矩阵语言评价值及专有权重
d1＝get(handles.edit22，'String')；
d2＝get(handles.edit23，'String')；
d3＝get(handles.edit24，'String')；
d4＝get(handles.edit25，'String')；
d5＝get(handles.edit26，'String')；
d6＝get(handles.edit27，'String')；
e1＝get(handles.edit28，'String')；
e2＝get(handles.edit29，'String')；
e3＝get(handles.edit30，'String')；
e4＝get(handles.edit31，'String')；
e5＝get(handles.edit32，'String')；
e6＝get(handles.edit33，'String')；
f1＝get(handles.edit34，'String')；
f2＝get(handles.edit35，'String')；
f3＝get(handles.edit36，'String')；
f4＝get(handles.edit37，'String')；
f5＝get(handles.edit38，'String')；
f6＝get(handles.edit39，'String')；
w1＝get(handles.edit7，'String')；
w2＝get(handles.edit8，'String')；
w3＝get(handles.edit9，'String')；
//专家语言评价值三角模糊数转换
switch d1
case'非常低'
        data20＝[0 0 0，1]；
case'低'
        data20＝[0 0.1 0.3]；
case'一般低'
        data20＝[0.1 0.3 0.5]；
case'中等'
        data20＝[0.3 0.5 0.7]；
case'一般高'
        data20＝[0.5 0.7 0.9]；
case'高'
        data20＝[0.7 0.9 1.0]；
case'非常高'
        data20＝[0.9 1 1]；
end
switch d2
case'非常低'
        data21＝[0 0 0，1]；
```

```
case'低'
        data21=[0 0.1 0.3];
case'一般低'
        data21=[0.1 0.3 0.5];
case'中等'
        data21=[0.3 0.5 0.7];
case'一般高'
        data21=[0.5 0.7 0.9];
case'高'
        data21=[0.7 0.9 1.0];
case'非常高'
        data21=[0.9 1 1];
end
…………
//集结专家权重，输出可能性矩阵
x41=data20 * str2num(w1)+data22 * str2num(w2)+data24 * str2num(w3);
x42=data21 * str2num(w1)+data23 * str2num(w2)+data25 * str2num(w3);
x51=data26 * str2num(w1)+data28 * str2num(w2)+data30 * str2num(w3);
x52=data27 * str2num(w1)+data29 * str2num(w2)+data31 * str2num(w3);
x61=data32 * str2num(w1)+data34 * str2num(w2)+data36 * str2num(w3);
x62=data33 * str2num(w1)+data35 * str2num(w2)+data37 * str2num(w3);
x4=[x41；x42];
x5=[x51；x52];
x6=[x61；x62];
x7=[x4，x5，x6];
set(handles.uitable3，'Data'，x7);
handles.x41=x41；
handles.x42=x42；
handles.x51=x51；
handles.x52=x52；
handles.x61=x61；
handles.x62=x62；
handles.x4=x4；
handles.x5=x5；
handles.x6=x6；
handles.x7=x7；
guidata(hObject，handles);
```

7.6.2 计算损失矩阵

通过获取专家群体对损失矩阵的语言评价项，根据三角模糊数学的隶属函数关系，将语言评价值转换为三角模糊数，实现定量数据分析，再根据专家的权重，集结损失矩阵，计算代码如下：

```
//录入专家损失矩阵语言评价值及专家权重
a1＝get(handles.edit1，'String');
a2＝get(handles.edit2，'String');
a3＝get(handles.edit3，'String');
a4＝get(handles.edit4，'String');
a5＝get(handles.edit5，'String');
a6＝get(handles.edit6，'String');
b1＝get(handles.edit10，'String');
b2＝get(handles.edit11，'String');
b3＝get(handles.edit12，'String');
b4＝get(handles.edit13，'String');
b5＝get(handles.edit14，'String');
b6＝get(handles.edit15，'String');
c1＝get(handles.edit16，'String');
c2＝get(handles.edit17，'String');
c3＝get(handles.edit18，'String');
c4＝get(handles.edit19，'String');
c5＝get(handles.edit20，'String');
c6＝get(handles.edit21，'String');
w1＝get(handles.edit7，'String');
w2＝get(handles.edit8，'String');
w3＝get(handles.edit9，'String');
//专家语言评价值三角模糊数转换
switch a1
case'非常低'
        data1＝[0 0 1];
case'低'
        data1＝[0 1 3];
case'一般低'
        data1＝[1 3 5];
case'中等'
        data1＝[3 5 7];
case'一般高'
        data1＝[5 7 9];
case'高'
        data1＝[7 9 10];
case'非常高'
        data1＝[9 10 10];
end
//集结专家权重并输出损失矩阵
x11＝data1 * str2num(w1)＋data3 * str2num(w2)＋data5 * str2num(w3);
x12＝data2 * str2num(w1)＋data4 * str2num(w2)＋data6 * str2num(w3);
```

```
x21＝data7 * str2num(w1)＋data9 * str2num(w2)＋data11 * str2num(w3);
x22＝data8 * str2num(w1)＋data10 * str2num(w2)＋data12 * str2num(w3);
x31＝data13 * str2num(w1)＋data15 * str2num(w2)＋data17 * str2num(w3);
x32＝data14 * str2num(w1)＋data16 * str2num(w2)＋data18 * str2num(w3);
x1＝[x11, x12];
x2＝[x21, x22];
x3＝[x31, x32];
x＝[x1; x2; x3];
set(handles.uitable2, 'Data', x);
handles.x11＝x11;
handles.x12＝x12;
handles.x21＝x21;
handles.x22＝x22;
handles.x31＝x31;
handles.x32＝x32;
handles.x1＝x1;
handles.x2＝x2;
handles.x3＝x3;
handles.x＝x;
guidata(hObject, handles);
```

7.6.3　计算风险矩阵

通过可能性矩阵与损失矩阵，计算信息系统的风险矩阵，即各个威胁给每种资产带来的风险。其计算代码如下：

```
x11＝handles.x11;
x12＝handles.x12;
x21＝handles.x21;
x22＝handles.x22;
x31＝handles.x31;
x32＝handles.x32;
x41＝handles.x41;
x42＝handles.x42;
x51＝handles.x51;
x52＝handles.x52;
x61＝handles.x61;
x62＝handles.x62;
//计算风险矩阵并输出
y1＝x41.* x11＋x51.* x21＋x61.* x31;
y2＝x41.* x12＋x51.* x22＋x61.* x32;
y3＝x42.* x11＋x52.* x21＋x62.* x31;
y4＝x42.* x12＋x52.* x22＋x62.* x32;
```

```
r＝[y1 y2；y3 y4]；
set(handles.uitable4，'Data'，r)；
handles.r＝r；
handles.y1＝y1；
handles.y2＝y2；
handles.y3＝y3；
handles.y4＝y4；
guidata(hObject，handles)；
```

7.6.4　计算风险值

计算风险矩阵的风险值，首先将风险矩阵规范化，再根据风险矩阵到理想解与负理想解之间的距离求得风险值。其计算代码如下：

```
//风险矩阵规范化
y1＝handles.y1；
y2＝handles.y2；
y3＝handles.y3；
y4＝handles.y4；
max1＝y1(1)；
max2＝y2(1)；
max3＝y3(1)；
max4＝y4(1)；
if y1(1)＜y1(2)
    max1＝y1(2)；
if y1(2)＜y1(3)
        max1＝y1(3)；
end
elseif y1(1)＜y1(3)
    max1＝y1(3)；
end
%z1＝[y1(1)/max1，y1(2)/max1，y1(3)/max1]；
if y2(1)＜y2(2)
    max2＝y2(2)；
if y2(2)＜y2(3)
        max2＝y2(3)；
end
elseif y2(1)＜y2(3)
    max2＝y2(3)；
end
%z2＝y2/max2；
if y3(1)＜y3(2)
    max3＝y3(2)；
```

```
if y3(2)<y3(3)
        max3=y3(3);
end
elseif y3(1)<y3(3)
        max3=y3(3);
end
%z3=y3/max3;
if y4(1)<y4(2)
        max4=y4(2);
if y4(2)<y4(3)
            max4=y4(3);
end
elseif y4(1)<y4(3)
        max4=y4(3);
end
%z4=y4/max4;
if max1<max3
        max1=max3;
end
if max2<max4;
        max2=max4;
end
z1=[y1(1)/max1,y1(2)/max1,y1(3)/max1];
z3=y3/max1;
z2=y2/max2;
z4=y4/max2;
rz=[z1 z2;z3 z4];
%s1=(z1-v1).^2;
//计算风险值大小
v1=[0 0 0];
v2=[1 1 1];
s1=((z1-v1).^2)/3;
s2=((z2-v1).^2)/3;
d1=sqrt(s1(1)+s1(2)+s1(3))+sqrt(s2(1)+s2(2)+s2(3));
s3=((z1-v2).^2)/3;
s4=((z2-v2).^2)/3;
d11=sqrt(s3(1)+s3(2)+s3(3))+sqrt(s4(1)+s4(2)+s4(3));
s5=((z3-v1).^2)/3;
s6=((z4-v1).^2)/3;
d2=sqrt(s5(1)+s5(2)+s5(3))+sqrt(s6(1)+s6(2)+s6(3));
```

s7＝((z3－v2).^2)/3;

s8＝((z4－v2).^2)/3;

d22＝sqrt(s7(1)＋s7(2)＋s7(3))＋sqrt(s8(1)＋s8(2)＋s8(3));

d＝[d1 d11; d2 d22];

cc1＝d1/(d1＋d11);

cc2＝d2/(d2＋d22);

set(handles.edit41，'String'，num2str(cc1));

set(handles.edit42，'String'，num2str(cc2));

handles.cc1＝cc1;

handles.cc2＝cc2;

guidata(hObject，handles);

7.6.5　风险评价

对求得的各个威胁的风险值进行对比和排序，获取系统风险评价。其代码如下：

```
//对比风险值大小
cc1＝handles.cc1;
cc2＝handles.cc2;
if cc1＞cc2
    set(handles.edit40，'String'，'t1＞t2');
elseif cc1＝＝cc2
    set(handles.edit40，'String'，'t1＝t2');
else
    set(handles.edit40，'String'，'t1＜t2');
end
```

第8章 基于灰关联分析方法的风险评估

8.1 方法简介

灰色关联分析是指对一个灰色系统发展变化态势的定量描述和比较的方法,它提出了对各子系统进行灰色关联度分析的概念,意图透过一定的方法,去寻求系统中各子系统(或因素)之间的数值关系。因此,灰色关联度分析对于一个系统发展变化态势提供了量化的度量,非常适合动态历程分析,其基本思想是通过确定参考数据列和若干个比较数据列的几何形状相似程度来判断其联系是否紧密,它反映了曲线间的关联程度。

8.1.1 灰色系统简介

控制论中,常借助颜色来表示研究者对系统内部信息和系统本身的了解和认识程度。黑色表示信息完全缺乏,白色表示信息完全,灰色表示信息不充分、不完全。由于黑、白、灰是相对于一定认识层次而占的,因而具有相对性。由此,定义:

白色系统:相对于一定的认识层次,所有信息都已经确知的系统。

黑色系统:相对于一定的认识层次,关于系统的所有信息都是未知的。

灰色系统:相对于一定的认识层次,系统内部的信息部分已知,部分未知,即信息不完全。

目前对于白色系统和黑色系统已有一套较成熟的方法来处理,灰色系统可用近年来发展起来的灰色系统理论来处理。灰色系统理论(Grey Theory)是由著名学者邓聚龙教授首创的一种系统科学理论,1985年,国防工业出版社出版了邓聚龙教授的第一部灰色系统专著《灰色系统(社会 经济)》,标志灰色系统理论的建立。1985年至1992年,华中理工大学出版社先后出版发行了邓聚龙教授有关灰色系统的六部著作。1989年,英国科技信息服务中心和万国学术出版社联合创办国际性刊物《灰色系统学报》,该刊被英国科学文摘等权威性检索机构列为核心期刊。

8.1.2 方法适用范围

灰色关联适用于多种系统分析场景(因素分析、方案分析、优势分析),涉及社会科学和自然科学的各个领域,尤其在社会经济领域,如国民经济各部门投资收益、区域经济优势分析、产业结构调整等方面,都取得了较好的应用效果。行为序列可基于时间、空间、指标等;关联度模型有邓氏关联度、T型关联度、贝塔型关联度等。

8.1.3　方法的运用

灰色关联分析的具体计算步骤如下：

1. 建立数据序列

确定反映系统行为特征的参考数据数列和影响系统行为的比较数列。反映系统行为特征的数据序列，称为参考数据数列。影响系统行为的因素组成的数据序列，称为参评数据数列。

设参考数据数列（又称母序列，它是反映系统行为特征的数据序列）为

$$X_0 = \{x_0(1), x_0(2), \cdots, x_0(k), \cdots, x_0(n)\} \tag{8-1}$$

参评数据数列（又称子序列，它是影响系统行为的因素组成的数据序列）

$$\begin{cases} X_1 = \{x_1(1), x_1(2), \cdots, x_1(k), \cdots, x_1(n)\} \\ X_2 = \{x_2(1), x_2(2), \cdots, x_2(k), \cdots, x_2(n)\} \\ \quad\quad\cdots \\ X_i = \{x_i(1), x_i(2), \cdots, x_i(k), \cdots, x_i(n)\} \\ \quad\quad\cdots \\ X_m = \{x_m(1), x_m(2), \cdots, x_m(k), \cdots, x_m(n)\} \end{cases} \tag{8-2}$$

其中：$k = 1, 2, 3, \cdots, n$；$i = 1, 2, \cdots, m$。

2. 数据序列的预处理

由于系统中各因素列中的数据可能因量纲不同，不便于比较或在比较时难以得到正确的结论，因此在进行灰色关联度分析时，一般都要进行数据的无量纲化处理。

极差变化：

$$x'_i(k) = \frac{x_i(k) - \min_k x_i(k)}{\max_k x_i(k) - \min_k x_i(k)} \tag{8-3}$$

效果测度变换：对于越大越好的指标来说，采用上限测度，即

$$x'_i(k) = \frac{x_i(k)}{\max_k x_i(k)} \tag{8-4}$$

对于越小越好的指标来说，采用下限测度，即

$$x'_i(k) = \frac{\min_k x_i(k)}{x_i(k)} \tag{8-5}$$

3. 计算关联系数

$x_0(k)$ 与 $x_i(k)$ 的关联系数用 $r_{0,i}(k)$ 来表示。计算公式如下：

$$r_{0,i}(k) = \frac{\min_i \min_k |x_0(k) - x'_i(k)| + \xi \max_i \max_k |x_0(k) - x'_i(k)|}{|x_0(k) - x'_i(k)| + \xi \max_i \max_k |x_0(k) - x'_i(k)|} \tag{8-6}$$

式中，ξ 为分辨系数，为削弱因最大绝对差造成的失真，取值范围 0.1～1.0，通常取 0.5。

一级最小差：

$$\min_k |x_0(k) - x'_i(k)| \tag{8-7}$$

二级最小差：

$$\min_i \min_k |x_0(k) - x'_i(k)| \qquad (8-8)$$

二级最大差：

$$\max_i \max_k |x_0(k) - x'_i(k)| \qquad (8-9)$$

4. 计算关联度

因为关联系数是参评数据序列与参考数据序列在各个时刻（即曲线中的各点）的关联程度值，所以它的数不止一个，而信息过于分散不便于进行整体性比较。因此有必要将各个时刻（即曲线中的各点）的关联系数集中为一个值，即求其平均值，作为参评数据序列与参考数据序列间关联程度的数量表示，关联度 r_i 公式如下：

$$r_i = \frac{1}{n} \sum_{k=1}^{n} r_{0,i}(k) \qquad (8-10)$$

5. 关联度排序

关联度按大小排序，如果 $r_1 < r_2$，则参考数据序列 X_0 与参评数据序列 X_2 更相似。

在算出 $X_i(k)$ 序列与 $X_0(k)$ 序列的关联系数后，计算各类关联系数的平均值，平均值 r_i 就称为与 $X_0(k)$ 的关联度。

8.1.4 关联度计算实例

给出已经初始化的序列如下：

$x_0 = \{1, 1.1, 2, 2.25, 3, 4\}$

$x_1 = \{1, 1.166, 1.834, 2, 2.314, 3\}$

$x_2 = \{1, 1.125, 1.075, 1.375, 1.625, 1.75\}$

$x_3 = \{1, 1, 0.7, 0.8, 0.9, 1.2\}$

步骤 1 求各个参比指标和参考指标的绝对差：

序号	1	2	3	4	5	6
$\|x_0(k) - x_1(k)\|$	0	0.066	0.166	0.25	0.686	1
$\|x_0(k) - x_2(k)\|$	0	0.025	0.925	0.875	1.375	2.25
$\|x_0(k) - x_3(k)\|$	0	0.1	1.3	1.45	2.1	2.8

步骤 2 求二级最小差式（8-8）和二级最大差式（8-9）：

最小差为：$\min[0, 0, 0] = 0$；

最大差为：$\max[0.686, 2.25, 2.8] = 2.8$。

步骤 3 计算关联系数，根据式（8-6），代入数据得到：

$$r_{0,i}(k) = \frac{0 + 0.5 \times 2.8}{|x_0(k) - x'_i(k)| + 0.5 \times 2.8}$$

分别计算当 $i = 1, 2, 3, 4, 5, 6$ 时上式的值，得到最终结果：

序号	1	2	3	4	5	6
$r_{0,1}(k)$	1	0.955	0.894	0.848	0.679	0.583
$r_{0,2}(k)$	1	0.982	0.602	0.615	0.797	0.383
$r_{0,3}(k)$	1	0.933	0.52	0.49	0.4	0.34

8.2　D-S 证据理论分析方法

8.2.1　方法背景

20 世纪 60 年代，哈佛大学数学家 A.P Dempster 利用上下限概率解决多值映射问题，1967 年起他连续发表了一系列论文，标志着 D-S 证据理论的正式诞生。

Dempster 的学生 G.shafer 对证据理论做了进一步的研究，引入了信任函数的概念，形成了一套由"证据"和"组合"结合的数学方法来处理不确定性推理。D-S 理论是对贝叶斯推理方法的推广，主要是利用概率论贝叶斯条件概率来进行的，需要知道先验概率，而 D-S 证据理论不需要知道先验概率，就能够很好地表示不确定数据。

在 D-S 证据理论中，由互不相容的基本命题（假定）组成的完备集合称为识别框架，表示对某一问题的所有可能答案，但其中只有一个答案是正确的。该框架的子集称为命题。分配给各命题的信任程度称为基本概率分配（BPA，也称 m 函数），m(A)为基本可信数，反映着对 A 的信度大小。信任函数 Bel(A)表示对命题 A 的信任程度，似然函数 Pl(A)[2]表示对命题 A 非假的信任程度，也即对 A 似乎可能成立的不确定性度量，实际上，[Bel(A)，Pl(A)]表示 A 的不确定区间，[0，Bel(A)]表示命题 A 支持证据区间，[0，Pl(A)]表示命题 A 的拟信区间，[Pl(A)，1]表示命题 A 的拒绝证据区间。设 m1 和 m2 是由两个独立的证据源（传感器）导出的基本概率分配函数，则 Dempster 组合规则可以计算这两个证据共同作用产生的反映融合信息的新的基本概率分配函数。

8.2.2　适用范围

D-S 证据理论最早应用于专家系统中，后逐渐适用于信息融合、情报分析、法律案件分析、多属性决策分析等范畴中。在医学诊断、目标识别、军事指挥等方面，需要综合考虑来自多源的不确定信息，如多个传感器的信息、多位专家的意见等，以完成问题的求解，而证据理论的组合规则对这方面问题的求解发挥了重要作用。

8.2.3　基本概念

定义 1：基本概率分配。

设 U 为已识别框架，则函数 $m:2^u \rightarrow [0，1]$ 满足条件 $m(\varphi)=0$ 和 $\sum_{A \subset U} m(A)=1$ 时，称

$m(A) = 0$ 为 A 的基本赋值，$m(A) = 0$ 表示对 A 的信任程度，也称为 mass 函数。

定义 2：信任函数。

$\mathrm{Bel}：2^u \to [0, 1]$

$$\mathrm{Bel}(A) = \sum_{B \subset U} m(B) = 1 (\forall A \subset U)$$

信任函数表示 A 的全部子集的基本概率分配函数之和。

定义 3：似然函数。

$$\mathrm{pl}(A) = 1 - \mathrm{Bel}(\bar{A}) = \sum_{B \subset U} m(B) - \sum_{B \subset \bar{A}} m(B) = \sum_{B \cap A \neq \phi} m(B) - \sum_{B \subset \bar{A}} m(B) = \sum_{B \cap A \neq \phi} m(B)$$

$$(8-11)$$

似然函数表示不否认 A 的信任度，是所有与 A 相交的子集的基本概率分配之和。

定义 4：信任区间。

$[\mathrm{Bel}(A)，\mathrm{pl}(A)]$ 表示命题 A 的信任区间，其中 $\mathrm{Bel}(A)$ 表示信任函数为下限，$\mathrm{pl}(A)$ 表示似然函数为上限。

例如 $(0.25，0.85)$，表示 A 为真有 0.25 的信任度，A 为假有 0.15 的信任度，A 不确定度为 0.6。

8.2.4 组合规则

对于 $\forall A \not\subset \Theta$，识别框架 Θ 上的有限个 mass 函数 $m_1，m_2，\cdots，m_n$ 的 Dempster 合成规则为

$$(m_1 \oplus m_2 \oplus \cdots \oplus m_n)(A) = \frac{1}{K} \sum_{A_1 \cap A_2 \cap \cdots \cap A_n = A} m_1(A_1) * m_2(A_2) \cdots * m_n(A_n)$$

$$(8-12)$$

其中

$$K = \sum_{A_1 \cap A_2 \cap \cdots \cap A_n \neq \phi} m_1(A_1) * m_2(A_2) \cdots * m_n(A_n)$$
$$= 1 - \sum_{A_1 \cap A_2 \cap \cdots \cap A_n = \phi} m_1(A_1) * m_2(A_2) \cdots * m_n(A_n)$$

$$(8-13)$$

K 称为归一化因子，$1-K$ 即 $\sum\limits_{A_1 \cap A_2 \cap \cdots \cap A_n = \phi} m_1(A_1) * m_2(A_2) \cdots * m_n(A_n)$ 反映了证据冲突程度。

8.2.5 计算步骤

第一步：计算归一化常数 K：

$$K = \sum_{A_1 \cap A_2 \cap \cdots \cap A_n \neq \phi} m_1(A_1) * m_2(A_2) \cdots * m_n(A_n)$$
$$= 1 - \sum_{A_1 \cap A_2 \cap \cdots \cap A_n = \phi} m_1(A_1) * m_2(A_2) \cdots * m_n(A_n)$$

$$(8-14)$$

第二步：计算各参评数据序列的组合 mass 函数

$$
\begin{cases}
0, & A = \phi \\
m(A) = \dfrac{\displaystyle\sum_{A_i \cap B_j = A} m_1(A_i) m_2(B_j)}{1 - K}, & A \neq \phi
\end{cases}
\tag{8-15}
$$

第三步：利用 Dempster 证据合成规则，合成各子集的信任函数

$$
\mathrm{Bel}(A_1, A_2, \cdots, A_n) = (m_1 \oplus m_2 \oplus \cdots \oplus m_n)(A)
$$

$$
= \frac{1}{K} \sum_{A_1 \cap A_2 \cap \cdots \cap A_n = A} m_1(A_1) * m_2(A_2) \cdots * m_n(A_n)
\tag{8-16}
$$

8.2.6　优缺点

D-S 证据理论分析法的优缺点如下：

(1) 优点：满足比贝叶斯概率理论更弱的条件，即不需要知道先验概率，具有直接表达"不确定"和"不知道"的能力。

(2) 缺点：要求证据必须是独立的，而这有时不易满足；证据合成规则没有非常坚固的理论支持，其合理性和有效性还存在较大的争议；计算上存在着潜在的组合爆炸问题。

8.2.7　实践案例——Zadeh 悖论

某宗谋杀案的三个犯罪嫌疑人组成了识别框架 $\Omega = \{\text{Peter}, \text{Paul}, \text{Mary}\}$，目击证人($W_1$, W_2)，分别给出表 8-1 所示的基本概率分配(BPA)，$M(A)$ 的函数值；要求计算证人 W_1 和 W_2 提供证据的组合结果，即求出 $M_{12}()$ 的值。

表 8-1　基本概率分布函数值表

	$M_1()$	$M_2()$	$M_{12}()$
Peter	0.99	0.00	
Paul	0.01	0.01	
Mary	0.00	0.99	

步骤 1：归一化常数 C。

$$
C = \sum_{B \cap C = \phi} m_1(B) \cdot m_2(C)
$$

$$
= m_1(\text{Peter}) \cdot m_2(\text{Peter}) + m_1(\text{Paul}) \cdot m_2(\text{Paul}) + m_1(\text{Mary}) \cdot m_2(\text{Mary})
$$

$$
= 0.99 \times 0 + 0.01 \times 0.01 + 0 \times 0.99 = 0.0001
$$

步骤 2：计算 Peter、Paul、Mary 的 mass 函数值。

$$
M_1 \oplus M_2(\{\text{Peter}\}) = \frac{1}{C} \sum_{B \cap C = \{\text{Peter}\}} M_1(B) \cdot M_2(C)
$$

$$
= \frac{1}{C} M_1(\{\text{Peter}\}) \cdot M_2(\{\text{Peter}\})
$$

$$
= \frac{1}{0.0001} \times 0.99 \times 0.00 = 0.00
$$

$$
M_1 \oplus M_2(\{\text{Paul}\}) = \frac{1}{C} \sum_{B \cap C = \{\text{Paul}\}} M_1(B) \cdot M_2(C) = \frac{1}{C} M_1(\{\text{Paul}\}) \cdot M_2(\{\text{Paul}\})
$$

$$
= \frac{1}{0.0001} \times 0.01 \times 0.01 = 1
$$

$$M_1 \oplus M_2(\{\text{Mary}\}) = \frac{1}{C} \sum_{B \cap C = \{\text{Mary}\}} M_1(B) \cdot M_2(C) = \frac{1}{C} M_1(\{\text{Mary}\}) \cdot M_2(\{\text{Mary}\})$$

$$= \frac{1}{0.0001} \times 0.00 \times 0.99 = 0.00$$

计算得到各个 Mass 函数值，如表 8-2 所示。

表 8-2　Mass 函数值

	$M_1()$	$M_2()$	$M_{12}()$
Peter	0.99	0.00	0
Paul	0.01	0.01	1
Mary	0.00	0.99	0

8.3　案例分析

8.3.1　建立风险评估模型

为了提高风险评估结论的科学性与可靠性，本模型通过 NESSUS 工具获取五个信息系统的各个指标值，基于 AHP 层次分析法并结合灰关联分析和模糊理论等方法，使主观的评价的片面性导致的偏差得以改进，把来源不同的 3 个指标值作为参考数据序列，把系统的评价等级作为参评数据序列，计算两者的灰关联度，并将此关联度序列作为评估等级的基本信度分配函数，最后运用 D-S 证据理论的组合规则将不同方法下的评估等级进行融合，从而得出系统最终的风险评估系数。这样就降低了由于专家的个人偏好导致的偏差，又避免了由于风险检测存在的遗漏及冲突证据导致的错误结论。信息安全风险评估模型如图 8-1 所示。

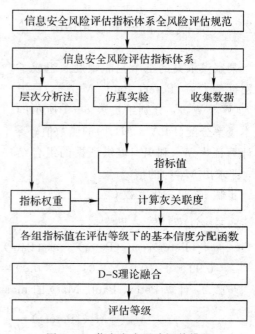

图 8-1　信息安全风险评估模型

8.3.2　收集信息系统的数据

我们使用 NESSUS 工具搜集了 5 个信息系统的病毒数、系统漏洞数和不可用数据比例 3 个数据信息，作为对信息系统安全风险评估的评判数据。5 个信息系统即 15 台 PC 机，分成了 5 组，对每一组的 PC 机进行数据的收集，如图 8-2 所示。其中，病毒数、系统漏洞数、不可用数据比例后面括号里的数字代表这几项评估数据在转换为加权标准化隶属度矩阵中的权重。

信息系统	病毒数(0.3)	系统漏洞数(0.2)	不可用数据比例(0.5)
C_1	[9, 12]	[2, 7]	[0.3, 0.4]
C_2	[7, 10]	[3, 4]	[0.2, 0.4]
C_3	[3, 7]	[5, 8]	[0.3, 0.6]
C_4	[3, 5]	[4, 5]	[0.1, 0.4]
C_5	[6, 10]	[3, 7]	[0.4, 0.7]

图 8-2　5 个信息系统的数据

8.3.3　风险评估

将区间数转化为实数，获得初始风险矩阵 $\boldsymbol{G}$：

$$\boldsymbol{G} = \begin{bmatrix} 10.5 & 4.5 & 0.35 \\ 8.5 & 3.5 & 0.3 \\ 5 & 6.5 & 0.5 \\ 4 & 4.5 & 0.25 \\ 8 & 5 & 0.55 \end{bmatrix} \tag{8-17}$$

利用层次分析法，将风险矩阵 $\boldsymbol{G}$ 归一化后乘以权重得到加权标准化隶属度矩阵 $\boldsymbol{X}$：

$$\boldsymbol{X} = \begin{bmatrix} 0.0875 & 0.0375 & 0.0921 \\ 0.0708 & 0.0292 & 0.0789 \\ 0.0417 & 0.0542 & 0.1184 \\ 0.0333 & 0.0375 & 0.0658 \\ 0.0667 & 0.0417 & 0.1447 \end{bmatrix} \tag{8-18}$$

运用灰色关联法求解灰色关联系数，求出理想最优序列 x^+ 和理想最劣序列 x^-（本书只使用最优序列计算 Mass 矩阵）：

$$\begin{cases} \boldsymbol{X}^+ = [0.0875 \quad 0.0542 \quad 0.1447] \\ \boldsymbol{X}^- = [0.0333 \quad 0.0292 \quad 0.0789] \end{cases} \tag{8-19}$$

$$r_{ij}^+ = \frac{\min\limits_{i} \min\limits_{j} |x_{ij} - X^+| + \max\limits_{i} \max\limits_{j} |x_{ij} - X^+|}{|x_{ij} - X^+| + \xi \max\limits_{i} \max\limits_{j} |x_{ij} - X^+|} \tag{8-20}$$

$$r_{ij}^- = \frac{\min\limits_{i} \min\limits_{j} |x_{ij} - X^-| + \max\limits_{i} \max\limits_{j} |x_{ij} - X^-|}{|x_{ij} - X^-| + \xi \max\limits_{i} \max\limits_{j} |x_{ij} - X^-|} \tag{8-21}$$

灰色关联系数：

$$\boldsymbol{R} = \begin{bmatrix} 1 & 0.7026 & 0.4286 \\ 0.7026 & 0.6112 & 0.3748 \\ 0.4628 & 1 & 0.6 \\ 0.4212 & 0.7026 & 0.3333 \\ 0.6548 & 0.7594 & 1 \end{bmatrix} \qquad (8-22)$$

再计算指标 I_j（每一列的）q 阶不确信度（q 一般取值为 2）：

$$\text{DOI}(I_j) = \frac{1}{m} \left| \sum_{i=1}^{m} (r_{ij})^q \right|^{\frac{1}{q}}$$

$$\text{DOI}(I_1) = 0.3601$$
$$\text{DOI}(I_2) = 0.3886$$
$$\text{DOI}(I_3) = 0.3309 \qquad (8-23)$$

计算 Mass 函数和整体不确定性的 Mass 函数：

$$m_j(i) = [1 - \text{DOI}(I_j)] * y_{ij}$$

$$m_j(i+1) = 1 - \sum_{i=1}^{m} m_j(i) \qquad (8-24)$$

$$\boldsymbol{M} = \begin{bmatrix} 0.0560 & 0.0229 & 0.0616 \\ 0.0453 & 0.01779 & 0.0528 \\ 0.0267 & 0.0331 & 0.0792 \\ 0.0213 & 0.0229 & 0.0440 \\ 0.0427 & 0.0255 & 0.0968 \\ 0.8080 & 0.8777 & 0.6655 \end{bmatrix} \qquad (8-25)$$

基于 D-S 证据理论合成法则，合成各子集的信度函数：

$$\begin{cases} \text{bel}(A_1) = (m_1 \oplus m_2 \oplus m_3)(A_1) = 0.0942 \\ \text{bel}(A_2) = (m_1 \oplus m_2 \oplus m_3)(A_2) = 0.0772 \\ \text{bel}(A_3) = (m_1 \oplus m_2 \oplus m_3)(A_3) = 0.0946 \\ \text{bel}(A_4) = (m_1 \oplus m_2 \oplus m_3)(A_4) = 0.0582 \\ \text{bel}(A_5) = (m_1 \oplus m_2 \oplus m_3)(A_5) = 0.1142 \end{cases} \qquad (8-26)$$

$$\text{bel}(A_1, A_2, A_3, A_4, A_5) = (m_1 \oplus m_2 \oplus m_3)(A_1, A_2, A_3, A_4, A_5) = 0.4737$$
$$(8-27)$$

$A_5 > A_3 > A_1 > A_2 > A_4$，由置信函数最大化原则，$A_5$ 的系统信息安全风险系数最高，最需要加强安全建设。而整体风险较高，需要对其进行安全措施的管理。

8.3.4　风险评估代码实现流程图

风险评估代码实现流程如图 8-3 所示。

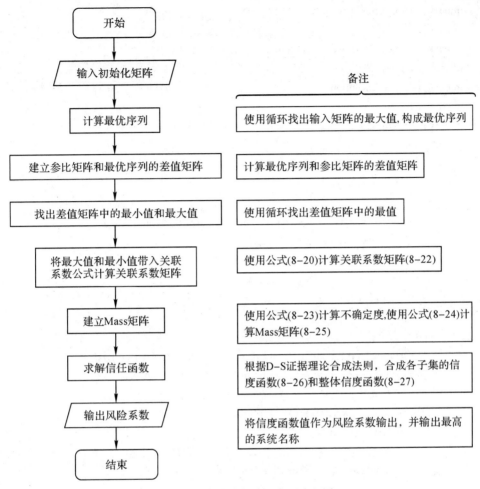

图 8-3　风险评估代码实现流程图

8.4　代 码 实 现

本节根据 8.3.4 的风险评估流程图进行编码实现。其中，介绍了使用 Java 语言编写的代码和 C++编写的代码，并给出运行结果。

8.4.1　Java 代码

Java 编写的代码如下所示：

```
package 信息安全管理；
import java.awt. * ；
import java.awt.event.ActionEvent；
import java.awt.event.ActionListener；
```

```java
import java.io.BufferedReader;
import java.io.File;
import java.io.FileNotFoundException;
import java.io.FileReader;
import java.io.IOException;
import java.lang. * ;
import javax.swing. * ;
import java.nio. * ;
import java.text.NumberFormat;
import java.util.ArrayList;


public class code1 extends javax.swing.JFrame implements ActionListener{
    //定义文本框用来存放数据信息和提示信息
    JTextField t2[]=new JTextField[24];
    public static void main(String []args){
        new code1();
    }
    public code1(){
        setDefaultCloseOperation(WindowConstants.EXIT_ON_CLOSE);
        java.awt.Font fo=new java.awt.Font("宋体",Font.PLAIN,30);
        //定义按钮用于计算
        JButton b1=new JButton();
        b1.setText("导入数据并计算");
        getContentPane().add(b1,BorderLayout.SOUTH);
        JPanel keyPanel=new JPanel();
        GridLayout keyPanelLayout=new GridLayout(6,4);
        keyPanel.setLayout(keyPanelLayout);
        getContentPane().add(keyPanel,BorderLayout.CENTER);
        for(int i=0;i<24;i++){
            t2[i]=new JTextField();
            keyPanel.add(t2[i]);
            t2[i].setFont(fo);
        }
        t2[0].setText("病毒数指标");
        t2[1].setText("漏洞数指标");
        t2[2].setText("不可用数据");
        t2[3].setText("风险系数");
        b1.addActionListener(this);
        pack();
        setSize(700,500);
        setLocationRelativeTo(null);
        setVisible(true);
    }
```

```java
//按钮对应的监听函数
public void actionPerformed(ActionEvent e){
    String sx[][]＝new String[5][3];
    //从文件中读取数据
    BufferedReader read ＝ null；
    try {
        read ＝ new BufferedReader(new FileReader("测试数据.txt"))；
    } catch (FileNotFoundException e1) {
        // TODO Auto-generated catch block
        e1.printStackTrace()；
    }
    for(int i=0; i<5; i++){
        for(int j=0; j<3; j++){
            try {
                sx[i][j]＝read.readLine()；
            } catch (IOException e1) {
                // TODO Auto-generated catch block
                e1.printStackTrace()；
            }
        }
    }
    double mass[][]＝new double[6][3]；
    double x[][]＝new double[5][3]；
    //将数据显示在数据区域
    int z＝4；
    for(int i=0; i<5; i++){
        for(int j=0; j<3; j++){
            t2[z].setText(sx[i][j])；
            x[i][j]＝Double.parseDouble(sx[i][j])；
            if(z==6||z==10||z==14||z==18){
                z+＝2；
            }
            else
                z++；
        }
    }
    double max[]＝{0., 0., 0.}；
    //计算最优序列
    for(int i=0; i<3; i++){
        for(int j=0; j<5; j++){
            if(x[j][i]＞max[i])
                max[i]＝x[j][i]；
        }
```

```
        }
    //计算差值矩阵
    double x1[][]=new double[5][3];
    for(int i=0; i<3; i++){
        for(int j=0; j<5; j++){
            x1[j][i]=max[i]-x[j][i];
        }
    }

        //寻找最大值和最小值
    double minmin1=100., maxmax1=0.;
    for(int i=0; i<5; i++){
        for(int j=0; j<3; j++){
            if(minmin1>x1[i][j])
                minmin1=x1[i][j];
            if(maxmax1<x1[i][j])
                maxmax1=x1[i][j];
        }
    }

    //带入公式计算关联系数
    for(int i=0; i<5; i++){
        for(int j=0; j<3; j++){
            x1[i][j]=(minmin1+0.5 * maxmax1)/(x1[i][j]+0.5 * maxmax1);
        }
    }

    //求 Mass 矩阵
    double dol[]={0, 0, 0};
    for(int j=0; j<3; j++){
        for(int i=0; i<5; i++){
            dol[j]+=x1[i][j];
        }
        dol[j]=0.2 * Math.sqrt(dol[j]);
    }
    for(int j=0; j<3; j++){
        for(int i=0; i<5; i++){
            mass[i][j]=(1-dol[j]) * x[i][j];
        }
    }

    for(int j=0; j<3; j++){
        mass[5][j]=0;
        for(int i=0; i<5; i++){
            mass[5][j]+=mass[i][j];
```

```
        }
        mass[5][j]＝1－mass[5][j];
    }
    //计算信任函数值
    double k＝0.0;
    for(int a＝0；a＜5；a＋＋){
        for(int b＝0；b＜5；b＋＋){
            for(int c＝0；c＜5；c＋＋){
                if(a！＝b&&b！＝c&&a！＝c){
                    k＋＝mass[a][0]＊mass[b][1]＊mass[c][2];
                }
            }
        }
    }
    k＝1－k;
    double del[]＝new double[6];
    for(int i＝0；i＜5；i＋＋)
del[i]＝mass[i][0]＊mass[i][1]＊mass[i][2]＋mass[i][0]＊mass[i][1]＊mass[5][2]＋mass[i][0]＊
mass[5][1]＊mass[i][2]＋mass[5][0]＊mass[i][1]＊mass[i][2]＋mass[i][0]＊mass[5][1]＊mass
[5][2]＋mass[5][0]＊mass[i][1]＊mass[5][2]＋mass[5][0]＊mass[5][1]＊mass[i][2];
    del[5]＝mass[5][0]＊mass[5][1]＊mass[5][2];
    for(int i＝0；i＜6；i＋＋){
        del[i]/＝k;
    }
    NumberFormat ddf1＝NumberFormat.getNumberInstance()；
    //显示结果
    ddf1.setMaximumFractionDigits(4)；    t2[7].setText(ddf1.format(del[0]));
    t2[11].setText(ddf1.format(del[1]))；    t2[15].setText(ddf1.format(del[2]));
    t2[19].setText(ddf1.format(del[3]))；    t2[23].setText(ddf1.format(del[4]));
    }
}
```

8.4.2　运 行 结 果

运行 Java 代码时，在点击导入数据并按下计算按钮后，程序会自动导入文件中的原始数据。进行一系列处理之后结果显示在运行界面的表格中，如图 8－4 所示。

病毒数指标	漏洞数指标	不可用数据	风险系数
0.0875	0.0375	0.0921	0.0942
0.0708	0.0291	0.0789	0.0772
0.0417	0.0542	0.1184	0.0946
0.0333	0.0375	0.0658	0.0582
0.0667	0.0417	0.1447	0.1142
导入数据并计算			

图 8－4　Java 代码运行结果

8.4.3 C++代码

C++编写的代码如下：

```
#include<iostream>
#include<math.h>
using namespace std；
int main(){

    double mass[6][3]；
    double x[5][3]={0.0875，0.0375，0.0921，0.0708，0.0291，0.0789，0.0417，0.0542，0.1184，
0.0333，0.0375，0.0658，0.0667，0.0417，0.1447}；
    double max[3]={0.，0.，0.}；
    //计算最优序列，存放在 max 数组中
    for(int i=0；i<3；i++){
      for(int j=0；j<5；j++){
        if(x[j][i]>max[i])
        max[i]=x[j][i]；
      }
    }

    //建立参比矩阵和最优序列的差值矩阵
    double x1[5][3]；
    for(int i=0；i<3；i++){
      for(int j=0；j<5；j++){
        x1[j][i]=max[i]-x[j][i]；
      }
    }

    //找出差值矩阵中的最小值和最大值
    double minmin1=100.，maxmax1=0.；
    for(int i=0；i<5；i++){
      for(int j=0；j<3；j++){
        if(minmin1>x1[i][j])
        minmin1=x1[i][j]；
        if(maxmax1<x1[i][j])
        maxmax1=x1[i][j]；
      }
    }
    //将最大值和最小值带入关联系数公式计算关联系数矩阵
    for(int i=0；i<5；i++){
      for(int j=0；j<3；j++){
        x1[i][j]=(minmin1+0.5 * maxmax1)/(x1[i][j]+0.5 * maxmax1)；
```

```
        }
    }


    //建立 Mass 矩阵
    double dol[3]={0，0，0}；
        for(int j=0；j<3；j++){
            for(int i=0；i<5；i++){
        dol[j]+=x1[i][j]；
        }
        dol[j]=0.2 * sqrt(dol[j])；
    }
    for(int j=0；j<3；j++){
    for(int i=0；i<5；i++){
        mass[i][j]=(1-dol[j]) * x[i][j]；
    }
}

    //求解信任函数
for(int j=0；j<3；j++){
    mass[5][j]=0；
    for(int i=0；i<5；i++){
        mass[5][j]+=mass[i][j]；
    }
    mass[5][j]=1-mass[5][j]；
}


double k=0.0；
for(int a=0；a<5；a++){
    for(int b=0；b<5；b++){
        for(int c=0；c<5；c++){
            if(a!=b&&b!=c&&a!=c){
            k+=mass[a][0] * mass[b][1] * mass[c][2]；
            }
        }
    }
}
k=1-k；
double del[6]；
for(int i=0；i<5；i++)
    del[i]=mass[i][0] * mass[i][1] * mass[i][2]+mass[i][0] * mass[i][1] * mass[5][2]+
mass[i][0] * mass[5][1] * mass[i][2]+mass[5][0] * mass[i][1] * mass[i][2]+mass[i][0] * mass
[5][1] * mass[5][2]+mass[5][0] * mass[i][1] * mass[5][2]+mass[5][0] * mass[5][1] * mass[i][2]；
    del[5]=mass[5][0] * mass[5][1] * mass[5][2]；
```

```
    int flag＝0；
    int t；
    for(int i＝0；i＜5；i＋＋){
     if(del[i]＞flag){
     flag＝del[i]；
     t＝i＋1；
    }
     del[i]/＝k；
     cout＜＜"第"＜＜i＋1＜＜"个系统的信任函数值为："＜＜del[i]＜＜endl；
    }
    cout＜＜"五个系统的整体信任函数值为："＜＜del[5]＜＜endl；
    cout＜＜endl；
     cout＜＜"因此得出结论：第"＜＜t＜＜"个系统风险值最高"；
     return 0；
    }
```

8.4.4　运行结果

与 Java 编写的程序有所不同，C＋＋编写的程序并未列出各系统的各个指标的具体计算结果，而是给出了最终每个系统的信任函数值。除此之外，程序还给出了风险评估结论，其运行结果如图 8-5 所示。

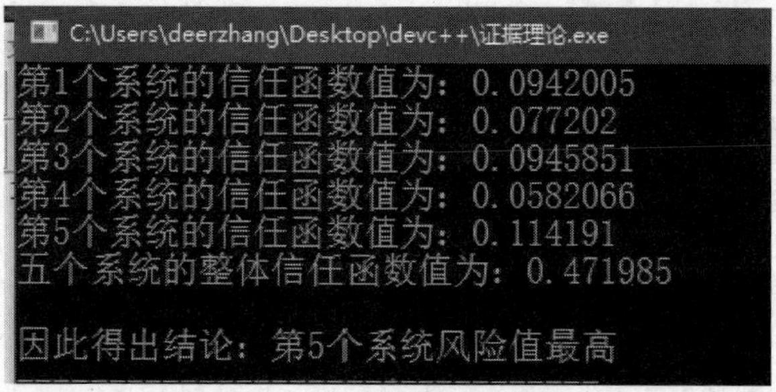

图 8-5　C＋＋编码运行结果

8.5　结　　论

本次研究采用区间灰度关联法和 D-S 证据理论相结合的算法，定义了区间函数和区间函数点算子，通过点算子将区间隶属度矩阵转化为隶属度矩阵，采用灰度关联系数法确定各信息系统在不同指标下的不同确信度，构成 Mass 函数，通过 D-S 证据理论合成法则对 Mass 函数信息融合。融合结果证明了方法的可行性和有效性，使评估结果更加科学、合理，对信息系统安全管理工作有一定理论意义和实际参考价值。

参 考 文 献

[1] 武文博，康锐，李梓. 基于攻击图的信息物理系统信息安全风险评估方法[J]. 计算机应用，2016，36(1)：203－206.

[2] 张建军，孟亚平. 信息安全风险评估[M]. 北京：中国标准出版社，2005.

[3] 赵冬梅，刘海峰，刘晨光. 基于 BP 神经网络的信息安全风险评估[J]. 计算机工程与应用，2007，43(1)：139－141.

[4] 黄松，夏洪亚，谈利群. 基于模糊综合的信息安全风险评估[J]. 计算机技术与发展，2010，20(1)：189－192.

[5] 申时凯，佘玉梅. 模糊神经网络在信息安全风险评估中的应用[J]. 计算机仿真，2011，28(10)：91－94.

[6] Pedrycz W，Ma L，Chen J，et al. A new information security risk analysis method based on membership degree[J]. Kybernetes，2014，43(5)：686－698.

[7] Chang C C，Sun P R，Cheng S L，et al. Stakeholders' Perceptions on Hospital Information Security Risk Analysis in Taiwan[J]. IEEE，2009：1－4.

[8] 范红. 信息安全风险评估方法与应用[M]. 北京：清华大学出版社，2006.

[9] 杨洋，姚淑珍. 一种基于威胁分析的信息安全风险评估方法[J]. 计算机工程与应用，2009，45(3)：94－96.

[10] 项文新. 基于信息安全风险评估的档案信息安全保障体系构架与构建流程[J]. 档案学通讯，2012(2)：87－90.

[11] 阮慧，党德鹏. 基于 RBF 模糊神经网络的信息安全风险评估[J]. 计算机工程与设计，2011，32(6)：2113－2115.

[12] Yang Y P O，Shieh H M，Tzeng G H. A VIKOR technique based on DEMATEL and ANP for information security risk control assessment[J]. Information Sciences，2013，232(5)：482－500.

[13] Bernard R. Information Lifecycle Security Risk Assessment：A tool for closing security gaps[J]. Computers & Security，2007，26(1)：26－30.

[14] Feng N，Li M. An information systems security risk assessment model under uncertain environment[J]. Applied Soft Computing，2011，11(7)：4332－4340.

[15] Satoh N，Kumamoto H. An Advantage Factor of Probabilistic Risk Assessment in Information Security[J]. American Journal of Kidney Diseases，2004，43(43)：424－32.

[16] 黄慧萍，肖世德，孟祥印. 基于攻击树的工业控制系统信息安全风险评估[J]. 计算机应用研究，2015，32(10)：3022－3025.

[17] 王姣，范科峰，莫玮. 基于模糊集和 DS 证据理论的信息安全风险评估方法[J]. 计算机应用研究，2017，34(11)：3432－3436.

［18］ 柴继文，王胜，梁晖辉，等.基于层次分析法的信息安全风险评估要素量化方法［J］. 重庆大学学报：自然科学版，2017，40(4)：44－53.

［19］ Oppliger R. Quantitative Risk Analysis in Information Security Management：A Modern Fairy Tale［J］. IEEE Security & Privacy，2015，13(6)：18－21.

［20］ Hess C T. Meaningful use：protect electronic health information through security risk analysis.［J］. Advances in Skin & Wound Care，2014，27(11)：528－528.

［21］ Rot A. Economic efficiency in information systems security risk analysis［J］. IEEE，2013：13.

［22］ Feng N，Wang H J，Li M. A security risk analysis model for information systems：Causal relationships of risk factors and vulnerability propagation analysis［J］. Information Sciences，2014，256(1)：57－73.

［23］ Lo C C，Chen W J. A hybrid information security risk assessment procedure considering interdependences between controls［J］. Expert Systems with Applications，2012，39(1)：247－257.

［24］ Shameli-Sendi A，Aghababaei-Barzegar R，Cheriet M. Taxonomy of information security risk assessment (ISRA)［J］. Computers & Security，2016，57(C)：14－30.

［25］ Stojanovic M，Markovic-Petrovic J. An Improved Risk Assessment Method for SCADA Information Security［J］. Elektronika Ir Elektrotechnika，2014，20(7)：69－72.

［26］ De Ru W G，Eloff J H P. Refereed paper：Risk analysis modelling with the use of fuzzy logic［J］. Computers & Security，1996，15(3)：239－248.

［27］ Deursen N V，Buchanan W J，Duff A. Monitoring information security risks within health care［J］. Computers & Security，2013，37(9)：31－45.

［28］ Kondakci S. Analysis of information security reliability：A tutorial［J］. Reliability Engineering & System Safety，2015，133(5)：275－299.

［29］ Montenegro C，Murillo M，Gallegos F，et al. DSR Approach to Assessment and Reduction of Information Security Risk in TELCO［J］. IEEE Latin America Transactions，2016，14(5)：2402－2410.